部分精彩
案例展示

实例名称：2.4.1 文字类Logo设计　　　　　30页

视频名称：2.4.1 文字类Logo设计

实例名称：4.4.2 产品展示类主图海报的设计　　　61页

视频名称：4.4.2 产品展示类主图海报的设计

实例名称：3.3.2 产品推广类店铺招牌的设计　　　　　　　　　　　41页

视频名称：3.3.2 产品推广类店铺招牌的设计

实例名称：3.3.4 含有导航类店铺招牌的设计　　　　　　　　　　　45页

视频名称：3.3.4 含有导航类店铺招牌的设计

实例名称：4.4.3 活动促销类主图海报的设计　　　65页

视频名称：4.4.3 活动促销类主图海报的设计

课后作业：4.6 课后作业　　　　　　　　　70页

部分精彩
案例展示

实例名称：5.3.1 女装海报的设计　　78页

视频名称：5.3.1 女装海报的设计

实例名称：5.3.2 运动鞋海报的设计　　82页

视频名称：5.3.2 运动鞋海报的设计

实例名称：6.1.3 面膜海报的设计　　114页

视频名称：6.1.3 面膜海报的设计

实例名称：5.3.3 童装海报的设计　　88页

视频名称：5.3.3 童装海报的设计

实例名称：5.3.4 中秋节海报的设计　　92页

视频名称：5.3.4 中秋节海报的设计

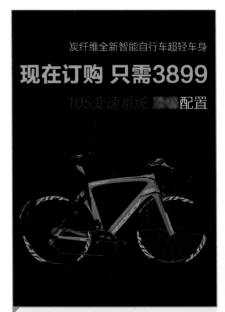

实例名称：6.1.4 自行车海报的设计　　118页

视频名称：6.1.4 自行车海报的设计

实例名称：5.3.6 冬装新品海报的设计　　99页

视频名称：5.3.6 冬装新品海报的设计

实例名称：6.1.1 "双十二"手机促销海报的设计　　108页

视频名称：6.1.1 "双十二"手机促销海报的设计

实例名称：6.1.2 书包首屏海报的设计　　111页

视频名称：6.1.2 书包首屏海报的设计

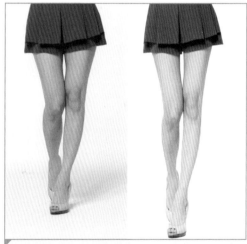

实例名称：6.2.2 大长腿后期修图　　127页

视频名称：6.2.2 大长腿后期修图

实例名称：6.2.3 女裤后期修图　　130页

视频名称：6.2.3 女裤后期修图

实例名称：6.2.4 不锈钢热水壶后期修图　133页

视频名称：6.2.4 不锈钢热水壶后期修图

实例名称：6.2.5 护肤品后期修图 136页

视频名称：6.2.5 护肤品后期修图

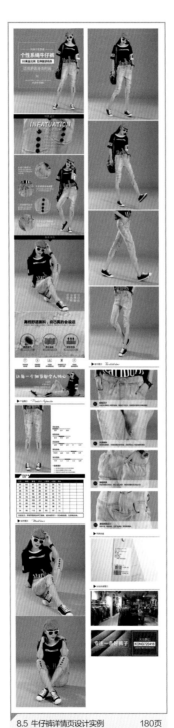

Photoshop CC 2017

淘宝美工设计
实例教程

孔德川 编著

人民邮电出版社
北京

图书在版编目（CIP）数据

Photoshop CC 2017淘宝美工设计实例教程 / 孔德川
编著. -- 北京：人民邮电出版社，2020.2
ISBN 978-7-115-50853-9

Ⅰ. ①P… Ⅱ. ①孔… Ⅲ. ①图象处理软件－教材
Ⅳ. ①TP391.413

中国版本图书馆CIP数据核字(2019)第033534号

内 容 提 要

这是一本讲解淘宝店铺视觉设计与装修的教程。全书共 10 章，先从美工必备的基础知识讲起，接着对店铺 Logo 的设计、店铺招牌的设计与装修、主图海报的设计与装修、全屏海报的设计与装修、Banner海报的设计与产品修图、首页的设计与装修、详情页的设计、专题页的设计和手机端店铺的设计与装修等进行讲解。通过理论结合实战的形式，用通俗易懂的语言讲解淘宝店铺设计与装修各方面的知识。为了方便读者学习，本书还提供了配套的视频文件、素材文件和实例文件。

本书适合淘宝美工和淘宝店主学习使用，也可作为相关培训机构的参考教材。

◆ 编　　著　孔德川
　　责任编辑　王振华
　　责任印制　马振武
◆ 人民邮电出版社出版发行　　北京市丰台区成寿寺路 11 号
　　邮编　100164　电子邮件　315@ptpress.com.cn
　　网址　http://www.ptpress.com.cn
　　天津市豪迈印务有限公司印刷
◆ 开本：787×1092　1/16
　　印张：15　　　　　　　　　彩插：2
　　字数：559 千字　　　　　　2020 年 2 月第 1 版
　　印数：1 – 3 000 册　　　　2020 年 2 月天津第 1 次印刷

定价：69.00 元

读者服务热线：(010)81055410　印装质量热线：(010)81055316
反盗版热线：(010)81055315
广告经营许可证：京东工商广登字 20170147 号

前言
Preface

近年来随着互联网的发展，网络购物现象越来越普遍，已经成为人们日常生活中必不可少的一部分。一般客户进入淘宝店铺浏览某个产品，只能通过图片来感受该产品是否适合自己，此时图片就相当于店铺与客户之间沟通的桥梁。从一定程度上来说，图片设计的好坏决定了客户的购买率。因此，淘宝美工人员迫切需要一本淘宝店铺设计类教程来提高自己的设计能力。

本书主要讲解淘宝店铺设计的必备技术，结合大量的实操案例，保证每位读者跟着步骤就会操作。为了提高读者的学习效率，本书还提供了配套的视频文件、素材文件和实例文件。希望每一个学完此书的读者都能够胜任淘宝美工的工作。

特色体例

本书涵盖了淘宝美工须掌握的大多数知识点，读者可以按照章节顺序进行学习，并配合提供的教学视频、素材文件和实例文件进行操作。本书不仅是一本适用于淘宝美工的设计教程，还是一本有用的参考资料。

内容梗概

本书共10章，围绕美工必备知识、店铺Logo的设计、店铺招牌设计、主图海报设计、全屏海报设计、Banner海报设计、产品修图、首页设计、详情页设计、专题页设计和手机端页面设计与装修这几大知识点进行讲解。

第1章主要讲解一个合格美工的必备知识，包括软件基础知识、图片的设置、色彩基础知识、美工人员的工作流程和店铺的版本选择。

第2章主要讲解店铺Logo的设计，以4种Logo的设计方法为例进行讲解，让大家明白店铺Logo设计的重要性和不同店铺Logo的设计方法。

第3章主要讲解店铺招牌的设计与装修，以5种不同的店铺招牌设计为例进行讲解，让大家掌握不同店铺招牌的设计方法，同时在本章最后还讲解了店铺招牌的装修方法。

第4章主要讲解主图海报的设计与装修，以3种不同的主图海报设计为例进行讲解，让大家掌握不同海报的设计规范和方法，同时在本章最后还讲解了主图海报的装修方法。

第5章主要讲解全屏海报的设计与装修，并结合女装全屏海报的设计、童装全屏海报的设计、春装全屏海报的设计、鞋子全屏海报的设计、新品首发全屏海报的设计和中秋节全屏海报的设计进行讲解，让大家掌握不同全屏海报的设计方法，同时在本章最后还讲解了全屏海报的装修方法。

第6章主要讲解Banner海报设计与产品修图。在Banner海报设计部分，以"双十二"促销海报、书包海报、面膜海报和自行车海报的设计为例进行讲解，让大家掌握不同Banner海报的设计方法；在产品修图部分，以袜子修图、大长腿修图、女裤修图、热水壶修图和护肤品修图为例进行讲解，让大家掌握不同产品的修图方法。

第7章主要讲解店铺首页的设计与装修。首页的设计包括店铺招牌的设计、导航的设计、全屏海报的设计、优惠券的设计、声明公告内容的设计、热销推荐的设计、页中导航的设计等几大内容，同时还对首页切图和装修的方法进行了讲解。

第8章主要讲解产品详情页的设计，包括首焦海报图的设计、产品信息的设计、面料细节的设计、模特展示的设计等几大内容。

第9章主要讲解专题页的设计，包括店铺招牌的设计、轮播海报的设计、商品陈列区的设计和底部导航的设计以及其他信息的设计。

第10章主要讲解手机端店铺的设计与装修，着重对手机端首页和详情页的装修进行了讲解。

本书适合的读者群

本书适合淘宝美工、淘宝店主和设计爱好者阅读。如果你是初学者，接触Photoshop软件的时间不长，建议配套《淘宝店铺装修全攻略 商品美化+页面设计+视频制作+图文排版+手机淘宝》一书进行学习。

尽管笔者在编写的过程中力求内容精准、完善，但由于水平有限，书中难免有错误、疏漏之处，恳请广大读者批评指正，针对书中的内容一起探讨、学习，共同进步。

36徳川

资源与支持

本书由数艺社出品，"数艺社"社区平台（www.shuyishe.com）为您提供后续服务。

扫描书中对应的二维码即可观看案例制作过程的讲解视频，扫描右侧的二维码关注数艺社微信公众号可获取实例文件和素材文件的下载方式。如果您对本书有任何疑问或建议，请发邮件至 szys@ptpress.com.cn。如果您想获取更多服务，请访问"数艺社"社区平台。

目录
Contents

目录 Contents

目录 Contents

美工必备知识

在当今社会，任何一个技术性较强的行业，都有其自身的门槛限制。例如，医生需要有专业的临床经验，司机需要有良好的驾驶经验，厨师也需要有专业的刀功和娴熟的技能。从事美工设计这个行业自然毫不例外，也必须掌握一些相关的专业知识。本章将全面讲解作为一个美工设计人员必备的基础知识。

学习要点

计算机配置的要求
图片的设置
色彩的基础知识
淘宝旺铺的版本选择

1.1 软件基础

正如魔术师需要道具、画家需要颜料和纸、医生需要手术刀来完成其工作一样，美工设计人员需要Photoshop软件来完成日常的设计工作。另外，美工设计人员必须熟练掌握设计软件，才能把好的想法和创意呈现出来。

1.1.1 计算机配置的要求

Photoshop CC是目前比较新的版本，对计算机性能的要求也比较高。下面为大家讲解计算机配置的注意事项。

在计算机系统方面，Adobe公司开发的CC版本软件，都需要Windows 7或更高的系统配置才能正常运行；在计算机硬件方面，以组装机为例，对CPU、显卡和主板的要求要高于日常办公或家用计算机。

配置推荐：计算机CPU以intel旗下的系列为主，计算机显卡以影驰或七彩虹为主，计算机主板以华硕或技嘉为主，如图1-1所示。

图1-1 计算机CPU、显卡和主板

关于计算机配件，可以根据自己的预算合理选择；关于计算机内存，建议使用金士顿16GB内存卡；关于计算机硬盘，建议使用一个240GB的固态硬盘作为系统盘，再加上一个2TB的日常文件存储盘，因为做设计肯定会有很多素材或产品拍摄图需要存储；关于显示器，常见的三星、飞利浦和戴尔的显示器成像效果都不错，价格差别也不是很大；关于显示器尺寸，可以选择27英寸的，如果有条件可以配两台显示器，这样工作起来空间会更大，也会更方便一些。

其他配件，如机箱、鼠标、键盘等都可以自由配置，组装计算机的大致效果如图1-2所示。

图1-2 组装计算机

1.1.2 Photoshop软件介绍

将计算机配置好之后，就可以安装Photoshop软件了。Adobe公司从1990年2月正式发行Photoshop的1.0.7版本到现在，已经历了30年的发展和创新。软件从最早的1.0版本，到7.0版本，到CS版本、CS6版本，再到今天的CC版本，不论是图标、启动界面还是工具箱，都发生了很大的变化，如图1-3~图1-5所示。

图1-3 Photoshop图标变化对比

图1-4 Photoshop启动界面变化对比

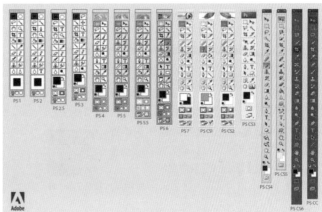

图1-5 Photoshop工具箱变化对比

图1-6所示为Photoshop的工作界面，即美工设计人员都需要在此完成设计工作。

A区域：菜单栏，集合了Photoshop中的各种命令，包括11个主菜单及多个子菜单命令。当某个命令可以使用时，会呈黑色；当某个命令不可以使用时，会呈浅灰色。以"图层"菜单命令为例，下拉菜单中的"新建"命令可以使用，"新建"命令下的子菜单也可以使用，而下面的"复制CSS"命令则不可使用，如图1-7所示。

图1-6 Photoshop的工作界面

图1-7 "图层"菜单命令下子菜单命令的使用情况

B区域：选项栏，通常位于菜单栏的下方。每一个工具都有其属性栏，当选择工具箱中的某一个工具时，属性栏中就会出现与之相对应的操作命令。图1-8和图1-9所示分别为"画笔工具" ![icon] 和"文字工具" ![icon] 选项栏。

图1-8 "画笔工具" ![icon] 选项栏

图1-9 "文字工具" ![icon] 选项栏

C区域：标题栏，其上面显示的是文件名称、存储位置、色彩模式和文件是否要进行保存等信息。标题栏作为图形窗口，可以在其中单击切换显示或关闭所选文件。如图1-10所示，"未标题-1"是选中文件，"未标题-2"和"未标题-3"是图像窗口待切换文件。

未标题-1@100%(RGB/8)* × 　未标题-2@100%(RGB/8)* × 　未标题-3@100%(RGB/8)* × 　未标题-4@100%(RGB/8)* ×

图1-10 标题栏及图形窗口栏

D区域：工具箱，集合了处理图像时需要的所有工具。值得注意的是，当鼠标在某个工具上悬停2秒左右时，就会弹出此工具的名称和操作快捷键的提示。图1-11所示为鼠标悬停在"移动工具" ![icon] 上时界面显示的提示信息。

图1-11 "移动工具" ![icon]

图1-12所示为工具箱中的所有工具。

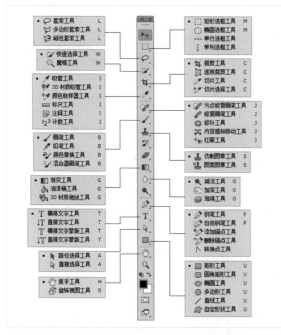

图1-12 工具箱中的所有工具

E区域：工作区，又称编辑区，类似于舞蹈演员的舞台，图片的编辑操作处理都在这里显示。同时，在日

常操作中，可以按住Alt键配合鼠标滚轮来回滚动调整大小以查看编辑的内容，如图1-13所示。

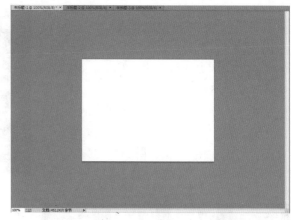

图1-13 工作区

F区域：程序控制区，主要由3个按钮组成，即最小化、最大化/恢复和关闭按钮。当工作结束后，就可以直接单击关闭按钮，退出Photoshop软件，如图1-14所示。

图1-14 程序控制区

G区域：控制面板，又称选项卡组，用于配合图像编辑、设置参数、调整图像数据等工作。通过窗口菜单，可以把所有工具的控制面板调出来，如图1-15所示。在系统默认的基本功能区下，显示的有颜色、调整和图层的控制面板。

图1-15 控制面板

H区域：状态栏，位于界面最下方，用以显示图像文件的比例、大小、操作状态和提示信息等，如图1-16所示。

100%　　　　文档:452.2K/0 字节　　▶

图1-16 状态栏

以上介绍了Photoshop软件界面中的大致内容，在本书后面的案例部分会对每一个工具和命令进行操作演示。美工设计人员除了要掌握Photoshop软件的操作方法之外，还要掌握Dreamweaver软件的操作方法，这在淘宝店铺装修时会用到；同时，还需要简单掌握Premiere、会声会影等视频编辑软件和Illustrator矢量绘图软件的操作方法，这对日后的工作将有很大的帮助。

1.2 美工设计的基础知识

本节将讲解图片分辨率、像素、常用图片的类型和色彩的基础知识。在设计之前，一定要设置好图片的分辨率和像素，否则极容易导致图片无法使用，从而浪费我们的时间。在保存图片的时候，要仔细区分图片的类型。另外，色彩的基础知识对于美工来说也很重要。

1.2.1 分辨率与像素

1.分辨率

分辨率的单位为PPI（Pixels Per Inch），通常叫作像素每英寸。分辨率一般分为屏幕分辨率和图像分辨率。

屏幕分辨率：指显示器所能显示的像素数量。显示的像素越多，画面就越精细，信息也就越多。例如，将计算机显示器的分辨率设置成1920像素×1080像素，则说明计算机屏幕在水平方向上有1920个像素点、在垂直方向上有1080个像素点，如图1-17所示。

图1-17 计算机屏幕分辨率

图像分辨率：指图像中存储的信息量，即每英寸图像中有多少个像素点。

在设计的过程中，一般会将图像分辨率设置为72像素，将色彩模式设置为RGB格式。如果设计的是海报等需要输出印刷的项目，就要将分辨率设置为300像素，将色彩模式设置为CMYK格式。

2.像素

像素是指由一个数字序列表示的图像中一个最小的单位。每个像素都是一个小点，不同颜色的点（像素）聚集起来就会变成一幅动人的画面。当图片尺寸以像素为单位时，就需要指定其固定的分辨率，这样才能使图片尺寸与实际尺寸相互转换。

在Photoshop中打开一张图片并放大300倍，可以发现它是由很多小方格色块排列组成的，这些小方格色块就是一个一个的像素，如图1-18所示。

两张图片在尺寸相同的情况下，像素越高的图片其精细度越高，反之则越低。

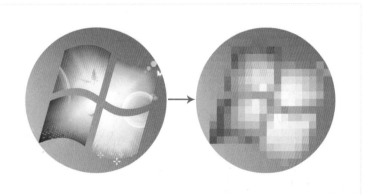

图1-18 像素显示模式

图片类型指的是计算机在存储图片时所用的格式，美工设计常用的存储格式有JPEG、PNG、JIF、PSD和AI等。

每一款工具都会支持输出不同的图片格式，以满足用户的各种需求。以Photoshop软件中的图片格式为例，执行"文件>存储为"菜单命令，可以看到在保存类型选项中有20多种不同的图片格式，如图1-19所示。

图1-19 常用图片格式

Photoshop软件提供了很多种图片格式，它们之间有什么区别？美工设计人员在做设计的时候要选择哪一种图片格式呢？接下来，我们对几种常用的图片格式进行讲解。

1.JPEG格式

JPEG格式是最常见的一种图片格式，由联合照片专家组（Joint Photographic Experts Group）命名，其文件后缀名为".JPG"或".JPEG"，是一种有损压缩的格式。JPEG格式的压缩技术十分先进，它用有损压缩方式去除冗余的图像数据，在获得较高压缩率的同时，能展现出丰富生动的图像。换句话说，JPEG格式可以用很小的存储空间得到很好的图像品质，如图1-20所示。

JPEG格式的特点是文件内存小，下载速度快，因而是目前比较流行的图像格式，互联网上80%的图片都采用的是这个格式。它在Photoshop软件中，以JPEG格式存储图片时，会提供13级图像品质，以0~12级进行表示。0级别表示压缩最高，效果质量最差；12级别表示压缩最低，效果质量最好。通常可以选择10级别，以"最佳"的模式来存储图片，如图1-21所示。

图1-20 JPEG/JPG格式　　图1-21 JPEG图像品质级别选项

总的来说，JPEG格式的优点是可以对图像或素材进行高倍数压缩，利用可变的压缩比自由控制文件的大小，以便在网络上进行传播。当然，压缩图片会使原始图片质量降低。

2.PNG格式

PNG格式是便携式网络图形（Portable Network Graphics）。PNG格式汲取了GIF和TIFF格式的优点同时增加了一些GIF格式所不具备的特性，因而可以替代GIF和TIFF格式。而且PNG格式是一种无损压缩的图片格式，在保证图像质量的情况下，文件体积也不算大。用来存储灰度图像时，灰度图像的深度可多达16位；用来存储彩色图像时，彩色图像的深度可多达48位；同时，还可以存储Alpha通道。在PNG格式存储选项中，可以对压缩和交错模式进行选择，如图1-22所示。

PNG格式在浏览器上采用流式的浏览方法，图像会在完全下载好之前提供给浏览者一个基本的内容，再逐渐清晰起来。PNG格式不但可以获得较高的压缩比，而且不会损失数据。更重要的是，PNG还支持透明格式。在设计中，经常需要存储一些图形以丰富素材库，因此会将很多小的图标和标示直接存储为PNG的透明格式，以便今后重复使用，从而极大地提高了工作效率。

图1-22 PNG格式存储选项

3.GIF格式

GIF（Graphics Interchange Format）是图形交换格式。GIF格式是一种基于LZW算法的连续色调的无损压缩格式，其压缩率一般在50%左右，几乎所有的图片编辑软件都支持这种格式。它最大的特点是在一个文件中可以存储多幅彩色图像，将这些图像数据逐幅读出并显示到屏幕上，就可以构成一种最简单的动画。网络上的"动图""闪图""GIF动画图"都指的是该格式。

GIF格式还支持透明背景图像，也是网络上常见的图片格式。由于其体积小，在设计宝贝详情页时，所输出的图片大多会选择以GIF格式进行存储。在Photoshop软件中，执行"文件>存储为Web所用格式"菜单命令，就可以在弹出的对话框中对图片进行设置，如图1-23所示。

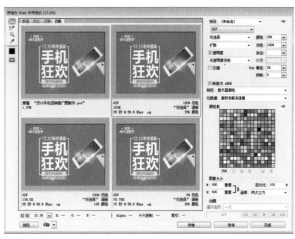

图1-23 存储为web所用格式

4.PSD格式

PSD格式是Photoshop软件的专用文件格式，是一种非压缩的原始文件格式，即经常所说的设计"源文件"。PSD格式存储了设计操作过程中所有的信息，如图层、文字、形状、通道、蒙版及滤镜特效等，如图1-24所示。

有时PSD文件的容量会很大，图层会过多，动辄数百兆。由于该格式可以保留所有的原始信息，在设计过程中可用于保存尚未制作完成的图像。

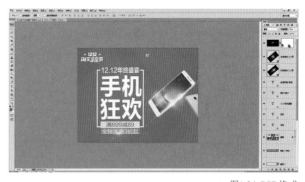

图1-24 PSD格式

值得注意的是，将设计文件存储为PSD格式时，不论使用Photoshop的哪个版本都可以打开并进行编辑。

5.AI格式

AI格式是Illustrator软件中存储的源文件格式，是专用的矢量图形文件格式。AI格式的优点有占用硬盘空间小、打开速度快和方便格式转换等。AI格式与PSD格式相同，也是一种分层文件，其每个对象都是独立的，可以存储设计过程中所有的对象。

在设计包装、Logo等项目时，大多都是用Illustrator软件制作的。美工设计人员平时虽不会用到很多Illustrator的功能，但还是需要熟悉并掌握Illustrator软件的基本操作方法，这对日后的工作很有帮助。图1-25所示为Illustrator软件的工作界面。

在Photoshop软件中，可以直接打开AI格式的文件，将其作为一个图层导入。

图1-25 Illustrator软件的工作界面

　　自然万物都有其各自的色彩：当我们想到天空时，脑海里呈现的颜色是蓝色；当我们想到沙漠时，脑海里呈现的颜色是黄色；当我们想到夜晚时，脑海里呈现的颜色是黑色。色彩是物质的自然属性，也是一种重要的视觉语言。

　　美工设计人员要设计出好的作品，必须掌握基本的色彩知识；同时，还必须学会借鉴大自然的色彩。图1-26所示为一些自然风景照片，下面对应的是从照片中提取出来的颜色。

图1-26 自然风景及其提取颜色

1.三原色

　　三原色是指色彩中不能再分解的3种基本颜色，分别是红色、绿色和蓝色。这3种颜色可以合成其他的颜色，但其他的颜色不能还原出它们本来的色彩。三原色的纯度高，干净又明快，如图1-27所示。

图1-27 三原色

2.色彩的分类

　　色彩可以分为有彩色系和无彩色系，如图1-28和图1-29所示。

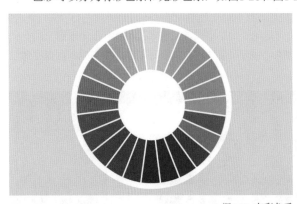

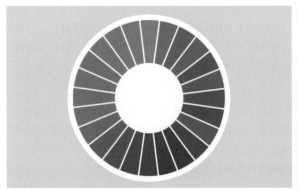

图1-28 有彩色系　　　　　　　　　　　　　　　　　图1-29 无彩色系

　　有彩色系指红、橙、黄、绿、青、蓝、紫等颜色。不同明度和纯度的红、橙、黄、绿、青、蓝、紫色调都属于有彩色系。有彩色系的颜色具有3个基本特性：色相、饱和度（也称纯度、彩度）和明度。在色彩学上，它也称为色彩的三大要素或色彩的三属性。

　　无彩色系指白色、黑色和由白色、黑色调和而成的各种深浅不同的灰色。

3.色彩三要素

色相

色相即各类色彩的相貌称谓，如大红、普蓝和柠檬黄等。色相是色彩的首要特征，是区别于各种不同色彩的标准。最初的基本色相为红、橙、黄、绿、蓝、紫，在各色中间加一两个中间色，按光谱顺序就可以演化为红、红橙、橙、黄橙、黄、黄绿、绿、蓝绿、蓝、蓝紫、紫、红紫，如图1-30所示。

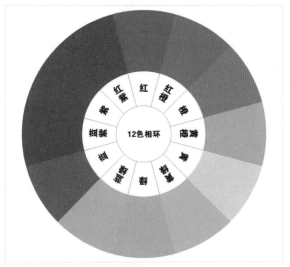

图1-30 色相环

饱和度（纯度、彩度）

饱和度是指色彩的鲜艳程度，也称色彩的纯度或彩度。饱和度的高低取决于该颜色中的含色成分和消色成分（灰色）的比例。含色成分越大，饱和度越高；消色成分越大，饱和度越低，如图1-31所示。颜色越纯，饱和度越高，如鲜红、鲜绿等。当为某个高饱和度的颜色调入白色、灰色或其他颜色之后，该颜色就不属于高饱和度的颜色了，如绛紫、粉红和黄褐等。完全不饱和的颜色根本没有色调之分，如黑白之间的各种灰色。

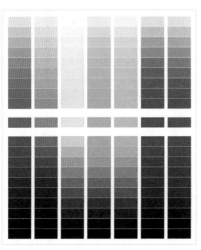

图1-31 饱和度

明度

明度是指眼睛对光源和物体表面明暗程度的感觉，是由光线强弱决定的一种视觉体验。明度不仅取决于物体照明的程度，还取决于物体表面的反射系数。如果我们看到的光线来源于光源，那么明度决定其光源的强度，如图1-32所示。如果我们看到的光线来源于物体表面的反射，那么明度决定其照明光源的强度和物体表面的反射系数。

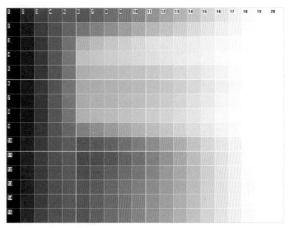

图1-32 明度

深黄、中黄、淡黄、柠檬黄等黄色在明度上是不一样的，紫红、深红、玫瑰红、大红、朱红、橘红等红色在亮度上也不尽相同。这些颜色在明暗、深浅上的不同变化，就是色彩的又一重要特征——明度变化。

4.色彩模式

色彩模式是数字世界中表示颜色的一种算法，通常将颜色划分为若干分量。因为成色原理的不同，计算机显示器、手机屏幕、投影机等是由色光直接合成颜色的，而打印机、印刷机等是使用颜料的印刷设备生成颜色的，所以它们的色彩模式会有区别。Photoshop软件提供了多种色彩模式，如图1-33所示。

图1-33 色彩模式

RGB模式

RGB模式也被称为加色模式，适用于显示器、投影仪、扫描仪和数码相机等设备。RGB色彩就是常说的三原色，R代表Red（红色），G代表Green（绿色），B代表Blue（蓝色）。

17

CMYK模式

CMYK模式是指当阳光照射到一个物体上时，这个物体将吸收一部分光线，并对其余的光线进行反射，反射的光线就是我们所看见的物体的颜色。CMYK模式是一种减色色彩模式，适用于打印机和印刷机等的颜色设置。

CMYK代表印刷上用的4种颜色，C代表Cyan（青色），M代表Magenta（洋红色），Y代表Yellow（黄色），K代表Black（黑色）。因为在实际应用中，青色、洋红色和黄色很难叠加形成真正的黑色，最多不过是褐色而已，所以才引入了K——黑色。黑色的作用是强化暗调，加深暗部色彩。

值得注意的是，当我们在Photoshop软件中设计一张名片或海报时，选择的色彩模式是RGB，在提交给印刷厂时，则可以将图像模式转换为CMYK模式，如图1-34所示。

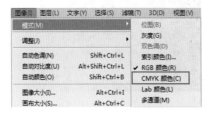

图1-34 CMYK模式

Lab模式

Lab模式由3个通道组成，但不是RGB通道。其中一个是明度通道，即L，另外两个是色彩通道，用A和B来表示，如图1-35所示。

图1-35 Lab模式

Lab模式弥补了RGB和CMYK两种色彩模式的不足。RGB模式是一种屏幕加色模式，CMYK模式是一种颜色反光的印刷减色模式。而Lab模式既不依赖于光线，也不依赖于颜料，它是CIE组织确定的一个理论上包括了人眼可以看见的所有色彩的色彩模式。

美工设计人员可以放心大胆地在图像编辑中使用Lab模式，因为它所定义的色彩最多，处理速度快，并且与光线和设备无关；同时，Lab模式在被转换为CMYK模式时，色彩不会丢失或被替换。

5.色彩的性格

为什么大多数购物类网站的页面选用的都是黄色和红色，而工业类网站的页面则常用蓝色？在现实生活中，往往也能根据店铺的装修风格判断其属于哪种行业。这就是色彩的性格。

颜色与人的大脑有着某种联系，不同的颜色对人的情绪、思想和行为有着不同的影响。由于人们的生活经验、传统习惯和年龄性格等不同，对色彩产生的心理反应自然也不同。其实，色彩是情感的语言，不同色彩可以诱发不同情感。

红——活力、健康、热情、希望、太阳、火、血。

橙——兴奋、喜悦、活泼、华美、温和、欢喜、灯火、秋色。

黄——温和、光明、快活、希望、金光。

绿——青春、和平、朝气。

青——希望、坚强、庄重。

蓝——秀白、清新、宁静、平静、永恒、理智、深远、海洋、天空、水。

紫——高贵、典型、华丽、优雅、神秘、丁香、玫瑰。

褐——严肃、浑厚、温暖。

白——纯洁、神圣、清爽、洁净、卫生、光明、雪、云。

灰——平静、稳重、朴素。

黑——神秘、静寂、悲哀、严肃、刚健、恐怖、稳重、夜。

金——光荣、华贵、辉煌。

红色代表热情、振奋，蓝色代表健康、活泼，白色代表纯洁、坦率，黄色代表智慧、庄重，紫色代表高贵、脱俗等。所以，美工设计人员在进行设计的时候，要为不同的产品选择合适的颜色。

1.3 常用的图片尺寸

在淘宝店铺中，图片尺寸会因所在位置不同而不同。当图片的尺寸过大时，会被系统自动裁剪掉；当图片的尺寸过小时，周围则会留下空白或由系统自动平铺。这两种情况都会给用户带来非常不好的体验。所以，在为淘宝店铺制作不同区域的图片时，要根据店铺的要求来确定尺寸和大小等信息。这是美工设计人员在动手设计之前必须考虑到的，否则一旦图片尺寸不合适，后期再调整将非常麻烦。

PC端常用的图片尺寸、图片大小和图片格式如表1-1所示。

表1-1 PC端常见图片尺寸等信息

名称	图片尺寸	图片大小	图片格式	建议 / 备注
店招	950 像素 ×120 像素	不限	GIF、JPG、JPEG、PNG	品牌形象 / 促销宣传内容等
导航	950 像素 ×30 像素	不限	GIF、JPG、JPEG、PNG	活动分类 / 热销商品
首焦轮播图	950 像素 ×（100~600）像素	不限	GIF、JPG、JPEG、PNG	促销宣传
全屏轮播	1920 像素 ×（100~600）像素	不限	GIF、JPG、JPEG、PNG	促销宣传
宝贝主图	800 像素 ×800 像素 ~ 1200 像素 ×1200 像素	不超过 500KB	GIF、JPG、JPEG、PNG	正方形 / 凸显商品 / 差异化
详情页面	750 像素 × 自定义 950 像素 × 自定义	不限	JPEG / GIF	完美展现商品
分类图片	宽度不超过 160 像素 高度不明确规定	不超过 50KB	GIF、JPG、JPEG、PNG	醒目 / 文字为主
店标	建议 80 像素 ×80 像素	不超过 80KB	GIF、jpg、JPEG、PNG	独特 / 醒目
旺旺头像	建议 120 像素 ×120 像素	不超过 300KB	GIF、JPG、JPEG、PNG	
页头背景	不限	不超过 200KB	GIF、JPG、JPEG、PNG	最好可以无缝拼接
页面背景	不限	不超过 200KB	GIF、JPG、JPEG、PNG	

无线端常用图片尺寸、图片大小和图片格式如表1-2所示。

表1-2 无线端常见图片尺寸

名称	图片尺寸	图片大小	图片格式	建议 / 备注
店铺头模块	640 像素 ×200 像素	不限	JPG、JPEG、PNG	
活动头图片	608 像素 ×304 像素	不限	JPG、PNG	展示优惠活动 / 主推宝贝
单列图片模块	608 像素 ×336 像素	不限	JPG、PNG	精美大图展示
双列图片模块	296 像素 ×160 像素	不限	JPG、PNG	尝试展示店铺的宝贝分类
多图模块	248 像素 ×146 像素	不限	JPG、PNG	尝试展示优惠券信息
左文右图模块	608 像素 ×160 像素	不限	JPG、PNG	建议图片与图片上的文字颜色要区分开来，让消费者更容易看清楚文字
活动中心模块	608 像素 ×361 像素	不限	JPG、PNG	热门活动
新老客户模块	608 像素 ×336 像素	不限	JPG、PNG	老客户回馈
无线详情装修	宽度 480~620 像素 高度 ≤ 960 像素	小于等于 1.5MB	JPG、GIF、PNG	
手机海报	背景图 640 像素 ×1136 像素	不限	JPG、PNG	
	缩略图 320 像素 ×320 像素	不限	JPG、PNG	
微淘	发广播：普通模式 800 像素 ×800 像素 长文章模式 702 像素 ×360 像素	不超过 3MB		
	发上新：Banner750 像素 ×160 像素	不限	JPG、GIF、PNG	
	发视频：封面 800 像素 ×450 像素	不限	JPG、GIF、PNG	
上新公告	宽 608 像素 × 高 112 像素	不超过 3MB	JPG、PNG	

以上仅列出一部分图片尺寸和格式要求。在实际工作中，直通车图、钻展图和活动图的尺寸要求都是不一样的，这里就不再展开具体讲解了。

1.4 美工设计的工作流程

通俗地讲，美工设计的工作流程就包含日常的工作内容。要想提高工作效率，就要按照流程对工作进行合理的规划；否则，反复地做一些无用功将非常浪费时间。

1.4.1 素材搜集

美工设计人员要负责整个淘宝店铺的产品宣传设计和装修，因而必须从大局出发，考虑整个店铺的风格。在前期拍摄照片的时候，一定要进行全面规划。

每一个店铺都是独特的，富有生命活力的。如何完美地将店铺展现给顾客？这就需要反复商酌，并且对素材的整体规划、页面的布局和页面的表现手法做到心中有数。

1.4.2 图片设计

将商品图和模特展示图拍摄好之后，还需要在Photoshop软件中进行美化处理，然后配上文案内容并进行排版设计，以最具说服力的语言和最佳的呈现方式展现给客户。当然，图片设计与制作也是美工设计人员的工作重点。

1.4.3 定稿与切图

当美工设计人员将图片制作好之后，一般都会有运营人员或店铺负责人进行确认，或是提出相应的修改建议和意见。运营人员或店铺相关负责人对制作好的图片进行最终确认之后，就可以使用Photoshop中的工具对设计好的内容进行切图处理了。

也许有人会问，为什么要对图片进行切图处理呢？这是因为制作好产品详情页之后，图片的像素非常高，所占的内存相应也比较大。而且当顾客进入你的店铺时，图片一直处于加载状态，很久都显示不出来，这会给用户带来是很差的体验。

1.4.4 图片上传

将切片并存储好的图片上传到淘宝空间或淘宝云盘，就可以在店铺装修或者发布产品的时候直接使用了。如果选择在无线端使用图片，可以直接在图片空间选择"适配手机"选项。

另外，在图片空间后台还可以对要上传的对象进行简单的处理，如复制、移动和删除等。

1.4.5 图片预览

装修好店铺首页或宝贝详情页之后，可以先预览一下看图片是否有瑕疵、是否有显示不正常或链接指向不正确的情况，确定无误后方可发布。另外，当日常工作中遇到其他营销活动时，需要美工设计人员配合运营人员制作促销广告图。

1.5　淘宝旺铺版本的选择

　　本节将讲解什么是淘宝旺铺和如何订购旺铺智能版。可以说，店招、导航、店铺首页、店铺背景、搜索页面和详情页等的装修都需要在旺铺后台进行操作。

1.5.1　什么是淘宝旺铺

　　旺铺是淘宝提供的一套专业的店铺系统。该系统能管理和装修你的产品和店铺，从而让你的店铺更加专业，拥有更佳的用户体验模式和更多的店铺功能，随时随地满足一切开店所需。

　　为什么要使用旺铺？这里总结了以下几点。

　　第一点：营造良好的购物环境。

　　第二点：吸引顾客关注店铺和产品。

　　第三点：为塑造店铺形象和品牌建立基础。

　　旺铺能做什么？这里总结了以下几点。

　　第一点：可以更加便捷地管理店铺和产品，还可以组织一些促销活动。

　　第二点：通过对应的旺铺版本，可获得相关的店铺装修资格；同时对不同的模块进行自定义设计和装修，个性化地展示店铺中的宝贝。

　　第三点：通过旺铺装修市场，可以选购一套适合自己旺铺装修的风格，一键完成各种复杂的装修操作。

　　第四点：通过旺铺应用市场，可以选择各种各样的店铺应用模块，扩展更多的功能。

　　如何查看旺铺版本？通常有以下几种方法。

　　方法1：打开店铺首页，在页面最下方可查看版本信息。图1-36所示为基础版，图1-37所示为专业版，图1-38所示为智能版，图1-39所示为天猫版。

图1-36　基础版　　　　　　　　　　　　　　　　　　　图1-37　专业版

图1-38　智能版　　　　　　　　　　　　　　　　　　　图1-39　天猫版

　　方法2：打开淘宝首页并登录账号，然后进入"卖家中心"，如图1-40和图1-41所示。

图1-40　登录淘宝账号　　　　　　　　　　　　　　　图1-41　进入"卖家中心"

在"卖家中心"页面的左侧找到"店铺装修"模块并进入，如图1-42所示。如此操作，就可以进入装修后台查看旺铺的版本了。

方法3：从千牛工作台客户端直接登录装修后台。先登录千牛账号，在千牛工作台左侧选择"常用网址"，然后在"店铺管理"中选择"店铺装修"，如图1-43和图1-44所示。

图1-42 进入"店铺装修" 　　　　图1-43 登录千牛账号 　　图1-44 千牛工作台客户端的"店铺装修"入口

进入"店铺装修"页面，这时就可以看到旺铺的版本了，如图1-45所示。

图1-45 淘宝旺铺基础版

1.5.2 订购旺铺智能版

如果想从旺铺基础版升级到专业版或智能版，就需要在"服务市场"进行订购。旺铺智能版费用是99元/月，旺铺专业版费用是50元/月。

（1）进入"服务市场"页面，然后选择"店铺装修"，再选择"旺铺"，如图1-46所示。

（2）进入"淘宝旺铺"的订购中心，然后选择"服务版本"，其中包括"专业版"和"智能版"。另外也可以选择订购周期，如图1-47所示。将版本选择好之后，就可以进行购买了。

图1-46 选择旺铺 　　　　　　　　　　　　　图1-47 订购淘宝旺铺

（3）进入"订购页"面，然后单击"同意协议并付款"按钮，通过支付宝付款之后，就会有付款成功的提示，如图1-48和图1-49所示。

（4）在"店铺装修"页面使用快捷键F5进行刷新，此时就成功升级到淘宝旺铺智能版了，如图1-50所示。

图1-48 同意协议并付款

图1-49 支付成功提示

图1-50 淘宝旺铺智能版订购成功

1.5.3 旺铺智能版的操作

如果想进入旺铺对店铺进行装修，可以直接输入店铺装修后台的登录网址，然后在弹出的页面中输入淘宝账号和密码，直接进入旺铺智能版后台的页面管理中。此时可以清楚地看到，在页面管理中，提供有"手机端"和"PC端"的装修，如图1-51所示。

选择页面管理中的"手机端"，就可以使用系统提供的"一键装修首页"功能，如图1-52所示。系统提供了很多适合店铺的模板，当然用户也可以在模板市场购买自己喜欢的模板。

图1-51 "手机端"页面管理

图1-52 一键装修模板

选择页面管理中的"PC端"，就可以进入PC端的页面管理中，如图1-53所示。

图1-53 PC端页面管理

选择"装修页面"，然后进入"PC端"装修后台对店铺进行装修，如图1-54所示。

图1-54 "PC端"装修后台

在"PC端"装修后台，系统提供有店铺首页、店内搜索页、详情页和活动页等会用到的所有设置模块和管理工具，如图1-55所示。

在"装修市场"中，系统提供有"旺铺专业版""淘宝智能版""旺铺基础版""旺铺天猫版""天猫智能版"等模板，可选择适合店铺版本的模板，具体价格则要根据每一个模板的情况而定，如图1-56所示。

图1-55 "PC端"装修后台模块

图1-56 "装修市场"提供的模板

店铺Logo的设计

　　几乎每一种企业和每一种商品,都有一个能代表它们形象的Logo。Logo对企业的识别和推广有很大的作用,可以让消费者记住企业主体和品牌文化。对于一个淘宝店铺来说,更应该注重宣传,提高产品的识别度。本章将详细讲解Logo的设计方法和技巧,大家可以跟着步骤操作,从而设计出一个属于自己店铺的Logo。

学习要点

理解并掌握店铺Logo的重要性
掌握文字类、图案类等Logo的设计方法和技巧
店铺Logo设计的注意事项

2.1 Logo的重要性

在日常生活中，人们只要看到某个Logo就会联想到其产品。比如看到一个被"咬了"一口的苹果，人们就会联想到苹果的产品。

对于淘宝店铺来说，Logo就是其形象标识。合理摆放Logo，可以加深顾客对店铺和产品的印象。Logo一般会出现在店铺的店招、海报和产品上，如图2-1~图2-3所示。

图2-1 Logo出现在店招上

图2-2 Logo出现在海报上

图2-3 Logo出现在产品上

一个好的Logo设计不仅能准确地打造和宣传良好的品牌形象，还能传递企业、产品或品牌的理念和精神，保证信誉，吸引顾客。

2.2 Logo的分类与介绍

本节将详细讲解Logo设计常见的4种类型，即文字类、图形类、图像类和组合类。其中，图形类Logo在数码产品领域和运动产品领域运用得比较多，图像类Logo在餐饮行业运用得比较多。值得注意的是，美工设计人员在设计店铺或企业的Logo时，需要有统一的比例和尺寸，这样后期将Logo应用到不同的产品上时，无论是放大还是缩小都能保持样式的统一。

2.2.1 文字类Logo

文字类Logo比较多，用中文和英文都可以设计。任何一家公司都有自己的名字，而文字类Logo可以作为其独特标志。

我们平时使用的字库字体都是字体开发公司设计出来的，多数情况下禁止商业使用。如果后期发生法律纠纷，就比较麻烦了。所以，在设计文字类Logo时，自己要设计一款漂亮的艺术字体备用。

使用中文字体设计出来的Logo效果，如图2-4所示；使用英文字体设计出来的Logo效果，如图2-5所示。

图2-4 中文类Logo的创意字体 　　　　　　　　　　　图2-5 英文类Logo的创意字体

在日常生活中，除了常规的艺术字Logo外，还有书法字Logo，如图2-6所示。书法字作为一个特殊的艺术展示形式，在生活中很常见，也容易被人接受。

文字类Logo的形式多种多样，最常见的就是中英文组合的形式。中英文组合Logo的表现形式有很多种，如中文在上英文在下、英文在前中文在后等，如图2-7所示。

图2-6 书法类Logo的创意字体 　　　　　　　　　图2-7 中英文组合类Logo的创意字体

在日后的工作中，大家要留心观察并总结文字类Logo的形式。

2.2.2 图形类Logo

图形类Logo是由点、线、面等不规则的图形组合而成的新图形。图形类Logo的识别度比较高，在产品宣传的过程中使用方便。例如国内目前几个电商平台的Logo，天猫是一只猫的形象，京东是一只狗的形象，苏宁易购是一只小狮子的形象，如图2-8所示。

图2-8 天猫、京东和苏宁易购的Logo

将动物作为主形象Logo，对于电商平台来说非常有利，而用拟人的手法进行宣传会更加生动有趣。作为企业或店铺，也可以设计一个有创意的图形Logo，在日常活动中或者产品上体现出来，以宣传企业的文化和价值，扩大企业在业内的影响力。

在众多图形类Logo中，让美工设计人员津津乐道的莫过于万事达卡的新Logo了。据报道，该Logo的设计费用高达几百万元，如图2-9所示的第一个Logo。图形类Logo非常多，如被"咬"了一口的苹果和小钩的形象等，如图2-9所示的第二和第三个Logo。

图2-9 万事达卡、苹果公司和耐克的Logo

图形类Logo在运动服饰领域的运用更为广泛，国内的品牌，如李宁、安踏和特步等；国外的品牌，如耐克、阿迪达斯和美津侬等。

图形类Logo在产品的使用上，不论是放大还是缩小，基本上都不会受太大影响。而将文字类Logo缩放到特别小时，就会造成用户看不清楚或者看起来模糊的问题。

2.2.3 图像类Logo

通常情况下，图像类Logo都会使用企业创立者的头像，如老干妈、王守义和霸王等品牌，如图2-10所示。

另一种图像类Logo是指可以根据企业的名称设计一款与其品位相符的图像，也可以对创立者的头像进行简化处理和创意制作。图2-11所示分别为肯德基、乔丹和三只松鼠的Logo。

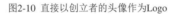

图2-10 直接以创立者的头像作为Logo

图2-11 肯德基、乔丹和三只松鼠的Logo

2.2.4 组合类Logo

除了前面介绍的几种Logo类型外，在日常生活中通常还会见到一些组合类Logo，如中文和英文组合、图形和文字组合等。图2-12所示为几个运动品牌的Logo。

在设计Logo时，要规范Logo的标准色，还要考虑设计被应用到不同场景下的效果，也要考虑Logo的竖排效果、横排效果和作为背景时的效果等。

图2-12 运动品牌的Logo

2.3 Logo设计的注意事项

本节将讲解Logo设计需遵循的一些原则和设计技巧，让大家明确如何设计一个优秀的Logo。

2.3.1 Logo设计的五大原则

美工设计人员在设计Logo的时候，需要遵循以下几大原则。

原则1：简单。Logo越简单识别度就越高，也越容易让人记住，且应用范围会越广。

原则2：易识别。Logo要能让人快速地记住。

原则3：永恒。Logo要能够经受时间的考验。

原则4：通用。Logo要能在各种媒介和应用上使用。

原则5：合适。Logo符合自身的品牌定位。

2.3.2 Logo设计的五大技巧

美工设计人员在设计Logo的时候，需要掌握以下几大技巧。

技巧1：保持视觉平衡，讲究线条流畅，使整体形状更美观。

技巧2：用反差、对比等手法强调主题。

技巧3：选择符合企业品牌形象的字体。

技巧4：注意留白，给人提供想象的空间。

技巧5：人们对色彩的反应比对形状的反应更为敏锐和直接，因而合理运用色彩更能激发情感。

2.3.3 Logo设计的六大要素

1.选择一款好字体

字体是Logo设计中的关键要素之一，能更直观地展示这个标识到底是关于哪方面的，如图2-13所示。

图2-15 选择合适的配色

图2-13 选择一款好字体

2.选择合适的图案

为Logo加上图案，会给人留下深刻的印象。图案可以选择代表企业的吉祥物，这样即使Logo上面没有企业的名字，人们也可以辨别其代表的是哪一家企业，如图2-14所示。

图2-14 选择合适的图案

3.选择合适的配色

没有颜色的Logo是呆板无趣的。为Logo加上颜色，会更加吸引人们的注意力。在设计Logo时，要尝试使用一些夺人眼球的颜色，如红色、黄色和绿色等。但同时也要避免使用太多的颜色，最好不要超过3种，如图2-15所示。不过也有例外，像谷歌这类大型公司的Logo所用颜色就比较多，反而令人印象深刻，如图2-16所示。

图2-16 谷歌的配色

4.保持简洁

Logo越简洁越容易被辨识，否则太多的装饰会让人有喧闹和复杂之感。另外要尽量保持元素的有序，如图2-17所示。

图2-17 简洁的Logo

5.富有创意

创意在Logo设计中最为重要，如果没有创意就无法设计出好看的Logo。针对Logo上面的字体或图案，都可以进行一些新的尝试。

6.为Logo讲一个故事

每个优秀的Logo都蕴意深刻，背后都有属于它自己的故事，并不只是简简单单地将草图绘制出来就可以定型。例如，苹果的Logo将"咬"（byte=咬=字节）发扬光大，Twitter的Logo展现了一种翱翔于天空的姿态，如图2-18所示。

图2-18 Twitter的Logo

2.3.4 Logo设计的七大步骤

美工设计人员在设计Logo的过程中，需要经过以下七大步骤。

步骤1：前期进行资料准备。

步骤2：研究并自由讨论。

步骤3：画出Logo的草图。

步骤4：设计出Logo的原型并进行构思。

步骤5：将Logo送至客户处进行审核。

步骤6：修订和润色。

步骤7：向客户提交Logo文件并提供客户服务。

2.4 Logo设计实例

本节将详细讲解Logo的制作过程，并以文字类、图案类和组合类Logo设计为例展开。大家可以跟着操作步骤进行学习。

2.4.1 文字类Logo设计

● 视频名称：2.4.1 文字类 Logo 设计　　● 实例位置：实例文件 >CH02>2.4.1

不论是企业还是店铺，都会有一个属于自己的名字。宋代著名文学家苏东坡在《水调歌头》中有这样一句诗："不知天上宫阙，今夕是何年。"那么，下面我们就以其中的"知夕"二字作为文字类Logo进行设计。

`01` 启动Photoshop，新建文件，然后设置"宽度"为1000像素、"高度"为1000像素、"分辨率"为150像素/英寸，如图2-19所示。

`02` 选择工具箱中的"钢笔工具" ，然后在选项栏上选择"形状"、取消"填充"，接着设置"描边"颜色为黑色、"宽度"为"3点"，再在"描边选项"面板中设置"对齐"为居中、"端点"和"角点"都为"圆点"，如图2-20和图2-21所示。

图2-20 选项栏设置　　　　图2-21 "描边选项"设置

`03` 用"钢笔工具" 绘制一条竖线，然后创建出两条长短不一的横线和竖线，制作"知夕"二字，如图2-22~图2-24所示。

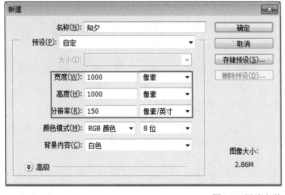

图2-19 新建文件

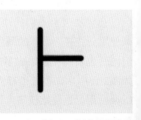

图2-22 创建一条竖线　　　　图2-23 创建一条横线

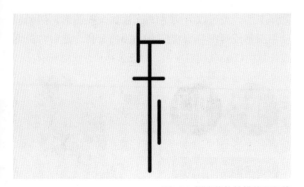

图2-24 创建其他的横线和竖线

04 用同样的方法，将"知"字中的"口"字创建出来，然后调整好"口"字的位置和大小。至此，"知"字就制作好了，效果如图2-25所示。

图2-25 "知"字的效果

05 用同样的方法，将"夕"字创建出来。先将前两个笔画创建出来，然后将"夕"字的点笔画创建出来，注意点笔画这里是用横线替代的，如图2-26和图2-27所示。

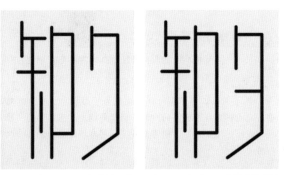

图2-26 创建"夕"字的前两笔　　图2-27 "知夕"二字的最终效果

06 在设计字体的时候调出参考线，这样就可以对字体的每一个笔画进行精确的调整。但不论怎么调整，

汉字的间架结构、笔画搭配、排列和组合方式都有一定的规律可循。图2-28所示就是在参考线的标注下，将"知夕"二字处理为结构相连、组合得体的效果。

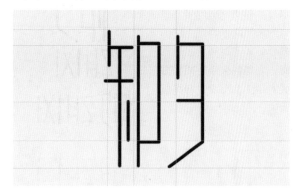

图2-28 字体的间架结构参考线

07 将中文字体创建好之后，就开始创建英文字体ZHIXI。先使用工具箱中的"钢笔工具" 🖊 创建字母Z，然后在选项栏上设置"描边"大小为"5点"，再创建出字母Z下面的横线，这样就产生了加粗的效果，如图2-29和图2-30所示。

图2-29 创建字母Z　　图2-30 创建字母Z下面的横线

08 先将字母H创建进来，然后将字母I和X也创建进来，最后将字母I创建进来。为了与第一个字母I有所区别，可以将最后一个字母I写成小写i，如图2-31~图2-33所示。

图2-31 创建字母H

图2-32 创建字母I和X　　图2-33 英文字体的最终效果

09 考虑到Logo在不同场合下的应用效果，在制作字体类Logo的时候可以多设计一些不同的效果。可以为文字Logo添加不同的颜色，如图2-34所示。同时，还可以采用不同的方式对中文和英文进行排版和组合，如图2-35所示。

图2-34 为文字Logo添加颜色

图2-35 中文和英文组合

10 当然，也可以为文字Logo添加一些图形。例如，使用圆形或矩形等形状作为Logo的背景，然后将最终设计好的Logo放到海报中，如图2-36和图2-37所示。

图2-36 为文字Logo添加一个背景效果

图2-37 效果展示

☑ 小结

通过以上步骤，文字类Logo就制作好了。除了上述在软件中直接绘制的方法外，还有一种常用的方法，那就是在纸上先绘制一个草图，然后将草图扫描到计算机中，接着在Photoshop中照着草图进行绘制。

2.4.2 图案类Logo设计

● 视频名称：2.4.2 图案类Logo设计　　● 实例位置：实例文件 >CH02>2.4.2
● 素材位置：素材文件 >CH02>2.4.2

上一节讲解了文字类Logo的制作方法，本节将讲解图案类Logo的制作方法，大家可以跟着操作步骤进行练习。

01 艺术源于生活，创意同样也源于生活。笔者在公园的花坛旁用手机拍了一张盛开的花朵照片，如图2-38所示。只要选择好想要的花朵形象，就可以将它制作成一个创意类图案Logo了。

图2-38 拍摄的花朵照片

02 将"CH02>2.4.2"文件夹中的"花朵素材.jpg"导入Photoshop中，然后选择工具箱中的"钢笔工具"，在选项栏上将模式设置为"形状"、将"填充"设置为绿色，并取消描边，接着新建一个空白图层，最后将"填充"设置为20%，如图2-39和图2-40所示。

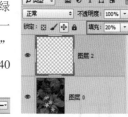

图2-39 选项栏设置　图2-40 将"填充"设置为20%

☼ TIPS

将"钢笔工具"的模式设置为"形状"，在绘制对象时就看不见底部图层的内容，所示要调整"图层"的"填充"或"不透明度"。通常情况下，将参数设置为20%~50%即可。

03 使用"钢笔工具"顺着花瓣的边缘开始描边，完成后对创建的形状进行闭合，如图2-41和图2-42所示。至此，一个花朵的形状就创建好了，如图2-43所示。

图2-41 开始描边

图2-42 继续绘制

图2-43 创建花朵形状

04 新建一个空白图层，创建花蕊部分，如图2-44所示。

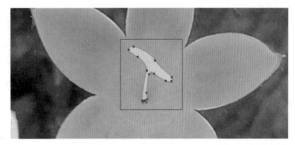

图2-44 创建花蕊

05 新建一个空白图层，先把实拍的花朵背景隐藏起来，并对刚刚绘制的花朵图形进行调整，接着将"填充"设置为100%。此时，我们就能很清楚地看到一个绿色的图形被创建出来，如图2-45所示。

图2-45 绿色的花朵图形

06 通过调整图形边缘、拐角和轮廓处对图形进行优化处理，调整之后的效果如图2-46所示。

图2-46 调整之后的效果

07 可以给图形添加一个纯色的背景，如图
2-47所示。也可以将图形的颜色设置为白色，
更换一个黄色的背景，如图2-48所示。最后
将Logo放在海报上，效果如图2-49所示。

图2-47 添加白底

除了以上讲解的将拍摄的照片作为
Logo的图形之外，还可以根据自己的想法
创建出一个新图形。创意的方法有很多，
需要大家不断地学习和总结。

☑ 小结

通过本节内容可以了解到，在制作Logo
的时候主要使用的是"钢笔工具" ✐。运用
该工具可以对图形进行灵活处理，因此必须
熟练掌握。

图2-48 更换黄底

图2-49 效果展示

2.4.3 组合类Logo设计

● 视频名称：2.4.3 组合类 Logo 设计　　● 实例位置：实例文件 >CH02>2.4.3
● 素材位置：素材文件 >CH02>2.4.3

本节将讲解组合类Logo的设计方法。本案例中Logo的创意来源是大象的鼻子，然后与漂亮的中英文字体相结
合，就完成了一个组合类Logo的制作。

01 新建文件并设置好各个参数，然后选择工具箱中的"渐变填充工具" ▣，在选项栏中单击"径向渐变"按钮 ▣，接着在
"渐变编辑器"中设置好颜色，再在空白的背景上拉一个渐变效果，如图2-50~图2-52所示。

图2-50 新建文件

图2-51 渐变编辑器

图2-52 制作渐变的背景效果

02 使用工具箱中的"矩形工具" ▣创建一个矩形，然后将"描边"设置为"3点"，接着使用"钢笔工具" ✐在矩形底部
添加2个锚点，再将矩形底部调整为一个弧形的效果，如图2-53所示。

🔅 TIPS

当需要对所创建的路径进行调整时，除了可以
使用"钢笔工具" ✐之外，还可以配合"添加锚点
工具" ✐和"删除锚点工具" ✐等进行操作，如图
2-54所示。这些工具都可以对路径进行调整，以改
变图形效果。

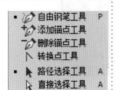

图2-54 用于调整路径的工具

图2-53 创建形状

03 使用工具箱中的"钢笔工具" 一步一步地绘制大象鼻子的形状，然后将所有的路径合并，如图2-55~图2-58所示。

图2-55 绘制大象鼻子

图2-56 绘制大象鼻子底部

图2-57 继续绘制大象鼻子

图2-58 最终效果

TIPS

如果不会绘制大象的鼻子，可以在网上找一些资料进行参考。在空闲的时候也可以到外面写生，掌握一些绘画的基本功。

04 除了要将大象鼻子绘制出来，还要将象牙和眼睛绘制出来，如图2-59和图2-60所示。

图2-59 绘制象牙

图2-60 绘制眼睛

05 大象鼻子左上方是空的，因此可以将大象的耳朵绘制出来，然后调整细节使其更加完善，最终效果如图2-61所示。

图2-61 调整之后的效果

06 选择工具箱中的"横排文字工具" T 输入"北象服饰"4个字，然后将ELEPHANT CLOTHES英文字体创建进来，如图2-62和图2-63所示。

图2-62 添加文字后的效果

图2-63 最终效果

TIPS

如果要对字体进行调整，可以在"字符面板"中操作。可以设置字体的类型、大小、行间距和颜色等内容，如图2-64所示。

图2-64 字符面板

35

07 将制作好的店铺Logo放到主图海报上，效果如图2-65所示。

图2-65 效果展示

小结

　　在使用"钢笔工具" ⬟ 绘制大象的鼻子时，如果没有绘画基础，可以先绘制出一个大致的轮廓，然后添加锚点调整细节。在计算机上进行创作和在课堂上学习绘画是一样的，都要先从整体出发，再对局部和细节进行优化。有条件的读者也可以购买一个手绘板，这样在调整图片的时候就会更加方便。

2.5 课后作业

　　根据自己的学习情况，独立完成不同类型的Logo设计。

　　设计一个文字类Logo，文字内容以"山店"二字为主，也可以参考图2-66所示的效果进行制作。

　　设计一个图案类Logo，可以自己到户外拍摄一些花朵和叶子等素材，也可以图2-67所示的梅花为基础进行制作。

　　在业余时间，搜集50~100个优秀的店铺Logo，并分析其优点。

图2-66 文字类Logo效果

图2-67 梅花素材

第 **3** 章

店铺招牌的设计与装修

店铺招牌是整个店铺中非常重要的一个模块，每一个从事设计工作的人员都要重视其设计。本章将详细讲解店铺招牌的设计与装修方法。

学习要点

了解店铺招牌的重要性
掌握四大类店铺招牌的设计方法和技巧
熟悉店铺招牌的上传和装修方法

3.1 店铺招牌的重要性

通俗地讲，店铺招牌就相当于每个位于商业街上门店的门头招牌，可以让路过的人一眼就看出店铺经营什么，如图3-1所示。一个好的店铺招牌不仅是门店的标志，更能起到广告和宣传的作用。在一条商业街上，如果一个门店没有招牌，估计是不会有人进去消费的。

图3-1 商业街

在一个淘宝店铺中，店铺招牌可以出现在首页、详情页、搜索页和专题页等任何一个页面中。这样一来只要消费者进入店铺，不管浏览哪个商品，第一眼看到的都是店铺招牌上面的信息。图3-2所示为New Balance在2017年以"双十一"活动时为主题设计的店铺招牌。

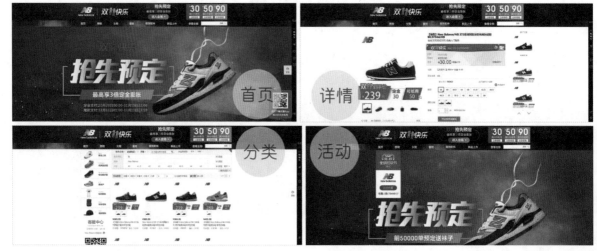

图3-2 New Balance店铺招牌

无论是为了纯粹的品牌宣传，还是像"双十一"这种大型促销活动的宣传，其信息都能在店铺招牌上体现出来。店铺招牌的尺寸虽然不大，但是承载的内容很多，且宣传效果非常好。因此，设计好店铺招牌非常重要。

3.2 如何设计店铺招牌

店铺招牌上面可以包括店铺名、Logo、广告语、促销产品、收藏和关注按钮、优惠券、搜索框及店铺公告等一系列信息。也就是说，只要是卖家能想到的内容都可以在店铺招牌上面展示。而现实的情况是，店铺招牌上除了店铺名或者Logo一定会出现之外，其他内容都要根据店铺的具体情况进行调整。

设计店铺招牌，需从以下几个方面进行考虑。

1. 品牌宣传

制作品牌宣传类店铺招牌时，首先要考虑的内容是店铺名、Logo和广告语，这是品牌宣传最基本的内容；其次是"关注"按钮、关注人数和"收藏"按钮，这可以从侧面反映店铺的实力；最后是搜索框、第二导航条等，这可以给用户带来很好的体验。图3-3所示为品牌宣传类店铺招牌。

图3-3 品牌宣传类店铺招牌

2. 活动促销

制作活动促销类店铺招牌时，首先要考虑的因素是活动信息、优惠券和促销产品等内容，其次是搜索框、旺旺和第二导航条等能给用户带来很好体验的内容，最后是店铺名、Logo和广告语等以品牌宣传为主的内容。不管是氛围的营造还是内容的展现，都要让活动信息占据很大的篇幅，否则会影响顾客对店铺信息的关注程度。图3-4所示为以活动促销为主的店铺招牌。

图3-4 活动促销类店铺招牌

3. 产品推广

制作产品推广类店铺招牌时，要明确其特点是应显示主推的产品。这类店铺招牌首先要显示促销产品、促销信息、优惠券和活动等内容，其次要显示店铺名、Logo和广告语等以品牌宣传为主的内容，最后是搜索框和第二导航条等能给用户带来很好体验的内容。图3-5所示为以产品推广为主的店铺招牌。

图3-5 产品推广类店铺招牌

4. 其他类

店铺招牌的设计样式有很多，展示的内容也会随着时间的推移而改变。但不管如何设计店铺招牌，店铺名称、Logo和广告语等基础信息都是必不可少的。图3-6所示为几个非常简洁的店铺招牌。

图3-6 简洁的店铺招牌

对于一个店铺来说，店铺招牌非常重要。因此，美工设计人员需要根据店铺活动或产品本身的定位情况制作店铺招牌。

3.3 店铺招牌设计实例

本节将讲解品牌宣传类、产品推广类和活动促销类店铺招牌的设计。

3.3.1 品牌宣传类店铺招牌的设计

● 视频名称：3.3.1 品牌宣传类店铺招牌的设计　　● 实例位置：实例文件 >CH03>3.3.1
● 素材位置：素材文件 >CH03>3.3.1

以淘宝C店为例，店铺默认的招牌宽度为950像素，建议高度不超过120像素，否则导航模块的显示会出现异常。因此，在设计的过程中需要注意尺寸的大小。如果想制作全屏的店铺招牌，就要将宽度设置为1920像素。

01 启动Photoshop，新建文件，然后设置"宽度"为950像素、"高度"为120像素、"分辨率"为72像素/英寸，如图3-7所示。

图3-7 新建文件

02 执行"视图>标尺"菜单命令,打开标尺,然后创建参考线。这样在制作店铺招牌的时候,在尺寸上就可以有所参考,如图3-8所示。

图3-8 创建参考线

☼ TIPS

打开或关闭标尺的组合快捷键是Ctrl+R。

03 将制作好的"知夕"文字Logo导入,然后使用快捷键Ctrl+T,结合"自由变换"命令,将其调整至合适的大小和位置,如图3-9所示。

图3-9 把店铺的文字Logo导入

04 使用工具箱中的"横排文字工具" ⊤ 将店铺名称"知夕官方旗舰店"创建进来,然后将"知夕,遇见美好生活"广告语也创建进来,接着执行"窗口>字符"菜单命令,再调整字体的大小和属性,效果如图3-10所示。

图3-10 创建店铺名称和广告语

☼ TIPS

一般情况下,每个店铺都会有制作好的店铺Logo或广告语的PSD文件,直接拿来使用即可。

05 使用工具箱中的"圆角矩形工具" ▣ 和"自定义形状工具"制作店铺招牌上面的"关注"按钮,效果如图3-11所示。

图3-11 制作"关注"按钮

☼ TIPS

使用快捷键U可以调出"矩形工具" ▣;如果想切换到"圆角矩形工具" ▣,需要配合使用组合快捷键Shift+U进行操作,如图3-12所示。

□ 矩形工具　　U
□ 圆角矩形工具　U
○ 椭圆工具　　　U
○ 多边形工具　　U
／ 直线工具　　　U
● 自定形状工具　U

图3-12 工具的快捷键

06 选择工具箱中的"矩形工具" ▣,在属性栏中设置"填充"为白色、"描边"为深灰色、"宽度"为"1点",然后创建一个矩形,制作店铺招牌上面的"搜索框",如图3-13所示。

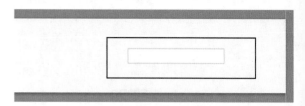

图3-13 创建矩形

07 复制一个矩形,然后调整其大小,再将颜色设置为红色,制作搜索按钮,效果如图3-14所示。

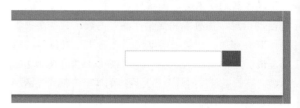

图3-14 制作搜索按钮

08 使用 "椭圆工具" ○ 创建一个圆,再使用"钢笔工具" ∅ 绘制一个放大镜的图案。使用工具箱中的"横排文字工具" ⊤ 输入"上衣裙子"文字,然后调整文字的大小和位置。至此,整个"搜索"按钮就制作好了,效果如图3-15所示。

图3-15 搜索按钮的最终效果

09 此时,一个简洁大方、以品牌宣传为主的店铺招牌就制作完成了。执行"文件>存储为"菜单命令,然后选择合适的格式进行保存,最终效果如图3-16所示。

图3-16 品牌宣传类店铺招牌的最终效果

☑ 小结

本节的知识点比较少,Logo是事先制作好的,直接导入并进行调整即可。文字部分的创建也比较简单,在"字符"面板中即可对字体进行调整。将店铺招牌上面的"收藏""关注""搜索"等小图标绘制完成后可以存储起来,以便日后使用。另外,美工设计人员要多搜集和整理一些素材,这样会达到事半功倍的效果。

3.3.2 产品推广类店铺招牌的设计

● 视频名称：3.3.2 产品推广类店铺招牌的设计　　● 实例位置：实例文件 >CH03>3.3.2
● 素材位置：素材文件 >CH03>3.3.2

产品推广类店铺招牌一般主推的是店铺内2~3种热销商品或是新上商品。本节将讲解一种科技类产品的全屏店铺招牌的制作。

01 新建文件，然后设置"宽度"为1920像素、"高度"为120像素、"分辨率"为72像素/英寸，如图3-17所示。

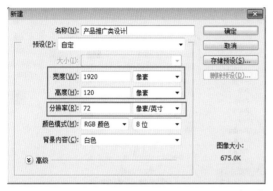

图3-17 新建文件

02 在设计1920像素全屏店铺招牌的过程中，要把重要的信息放到950像素以内，这个可以通过参考线进行对比操作。执行"视图>新建参考线"菜单命令，然后在弹出的"新建参考线"对话框中设置"取向"为"垂直"、"位置"为485像素；接着使用同样的方法再创建一条参考线，并设置"位置"为1435像素，如图3-18和图3-19所示。创建好这两条参考线之后，就对1920像素的全屏店铺招牌进行了左、中、右三段距离的划分，第一段是485像素，第二段是950像素，第三段是485像素，如图3-20所示。

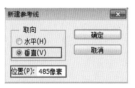
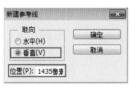

图3-18 创建485像素参考线　　图3-19 创建1435像素参考线

图3-20 参考线分割效果图

TIPS

创建好参考线之后，可以把重要的信息都放在中间的950像素内；两边可以填充一种背景色，但不要放文字信息，否则在后期添加跳转链接时就不好操作了。

03 将"CH03>3.3.2"文件夹中的"背景（1）.png"素材导入，然后调整其大小和位置，如图3-21所示。

图3-21 调整背景素材的大小和位置

TIPS

一般来说，导入素材默认的是以"智能对象"的方式导入。除此之外，还可以对素材执行"图层>智能对象>栅格化"菜单命令，将素材转化成普通的图层对象，如图3-22所示。

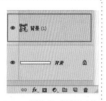

图3-22 智能对象

04 创建店铺招牌上的Logo，如图3-23所示。

图3-23 创建店铺招牌上的Logo

05 使用工具箱中的"圆角矩形工具" ▢、"自定义形状工具" ⬟ 和"横排文字工具" T 制作"关注"和"收藏店铺"按钮，然后把店铺的名称也创建进来，再对字体进行调整，如图3-24和图3-25所示。

图3-24 创建"关注"和"收藏店铺"按钮

图3-25 创建店铺名称

TIPS

制作"关注"和"收藏店铺"按钮时，可以直接套用下载好的素材文件，从而提高工作效率。

06 将"CH03>3.3.2"文件夹中的"产品(1).png"素材导入，然后单击"图层"面板下方的"创建新图层"按钮 🔲 新建一个空白图层，接着将前景色设置为黑色，并使用"画笔工具" 🖊 绘制手机的投影，再使用快捷键Ctrl+T结合"自由变换"命令对投影进行调整，最后将调整好的投影移动到手机图层的后面，创建出店铺招牌上要推广的产品如图3-26~图3-28所示。

图3-26 导入手机素材

图3-27 绘制手机投影并进行调整

图3-28 制作好的手机投影效果

07 使用"椭圆工具" 🔘 画一个椭圆，然后将"填充"设置为黄色，接着画一个小一点的椭圆，并设置"描边"为白色、"宽度"为"1像素"、"形状描边类型"为虚线 ┅┅ ，再使用"横排文字工具" 🅣 输入"新品"二字，一个按钮的图标就制作出来了，最后为"图层"添加"外发光"效果，如图3-29所示。

图3-29 "新品"按钮图标的效果

08 使用"横排文字工具" 🅣 创建"超长待机 超长通话 第十代新款 快充"文字，然后在"图层"面板下方单击"添加图层样式"按钮 fx，为文字添加"投影"

效果，再添加一个"渐变叠加"效果，如图3-30~图3-33所示。

图3-30 创建文字

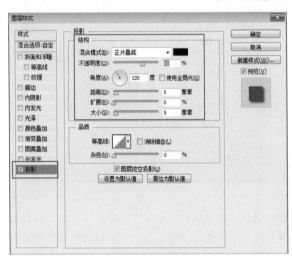

图3-31 "投影"的参数设置

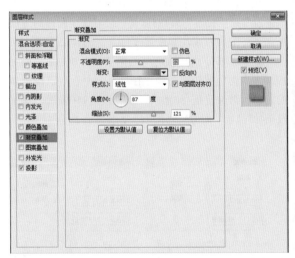

图3-32 "渐变叠加"的参数设置

图3-33 最终的文字效果

在Photoshop中,"图层样式"的功能非常强大,包含了很多特效的设置,不论是进行创意设计,还是进行电商后期美工设计,"浮雕""描边""阴影""渐变叠加""外发光""投影"等效果都会经常用到,如图3-34所示。

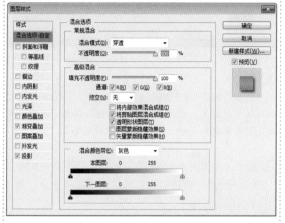

图3-34 "图层样式"对话框

09 将"CH03>3.3.2"文件夹中的"立即抢购.psd"文件导入,然后调整其大小和位置,效果如图3-35所示。

图3-35 导入"立即抢购"按钮

10 用同样的方法,将第二个产品素材导入并开始制作,效果如图3-36所示。当然还可以创建更多的产品,具体要根据店铺的情况而定。

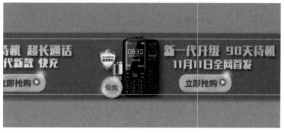

图3-36 创建第二个产品

11 通过上面一系列的操作,一个1920像素全屏产品推广类店铺招牌就制作完成了,最终效果如图3-37所示。

图3-37 全屏产品推广类店铺招牌的最终效果

小结

店铺Logo的设计,可以参考第2章的内容进行学习。产品投影的制作,除了用"画笔工具"进行绘制外,还可以使用"图层样式"中的"投影"效果。该案例中的"立即抢购"按钮是事先就制作好的,大家平时可以多多搜集和整理这类素材,以便今后使用。

3.3.3 活动促销类店铺招牌的设计

● 视频名称:3.3.3 活动促销类店铺招牌的设计 ● 实例位置:实例文件 >CH03>3.3.3
● 素材位置:素材文件 >CH03>3.3.3

活动促销类店铺招牌一般会出现在大型节庆或者店铺活动期间,形式有领红包、满减和倒计时抢购等。活动促销类店铺招牌设计的目的是营造出活动氛围,让消费者在潜意识里有一种买东西很划算的感觉。

01 新建文件并命名为"活动促销店铺招牌设计",然后设置"宽度"为950像素、"高度"为120像素、"分辨率"为72像素/英寸,如图3-38所示。

图3-38 新建文件

02 使用组合快捷键Ctrl+R调出标尺,然后直接创建出参考线,如图3-39所示。

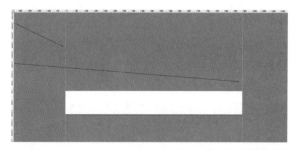

图3-39 创建参考线

TIPS

在创建垂直的参考线时,按住鼠标左键不放,再配合Alt键,就可以直接转换为水平参考线。也就是说,在拖曳创建参考线的过程中,按住Alt键可以快速改变垂直和水平的方向。

03 执行“图像>画布大小”菜单命令，然后在弹出的“画布大小”对话框中，设置“宽度”为1920像素，单击“确定”按钮之后，整个文件的“宽度”为1920像素、“高度”为120像素，对参考线两端进行了自动延伸处理，如图3-40和图3-41所示。

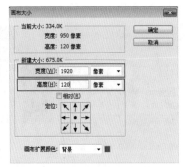

图3-40 新建画布大小

图3-41 新建画布的效果

04 选择工具箱中的“渐变工具”，在渐变编辑器中设置一个由浅灰色到银白色的渐变效果，然后单击“径向渐变”按钮，对空白画布的背景拉出一个渐变效果，如图3-42所示。

图3-42 创建渐变背景效果

05 使用工具箱中的“钢笔工具”，并配合Shift键创建直线，然后将店铺招牌顶部的装饰效果创建出来，并填充为红色，接着使用“钢笔工具”在画布上添加锚点，同时配合“转换点工具”将转角处调整得圆滑或倾斜一些，以便看起来更加美观，如图3-43~图3-46所示。

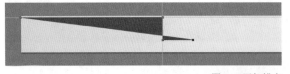

图3-43 添加锚点

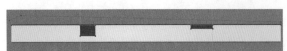

图3-44 创建顶部效果

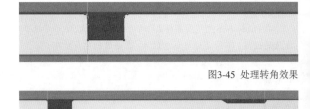

图3-45 处理转角效果

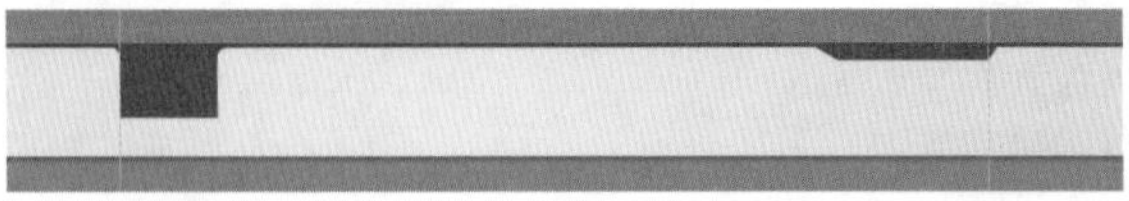

图3-46 处理最终效果

> **TIPS**
>
> 使用“钢笔工具”绘制图形的时候，按住Shift键可以直接创建锚点，按住Alt键可以直接转换成“转换点工具”调整锚点，按住Ctrl键可以直接移动锚点。

06 使用工具箱中的“横排文字工具”将店铺招牌上的Logo信息、店铺名称和宣传口号创建出来，效果如图3-47所示。

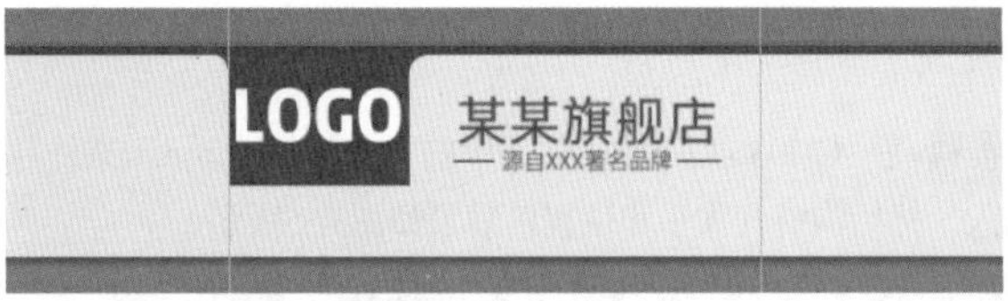

图3-47 创建店铺Logo、店铺名称和宣传口号

07 使用工具箱中的“矩形工具”创建一个红色的矩形，然后配合工具箱中的“钢笔工具”对矩形进行调整，接着创建一个深色的斜角形状，将其与矩形叠加在一起以增加层次感，再把文字内容“￥10元”也创建进来，并调整其大小和位置，最后使用工具箱中的“直排文字工具”把“无门槛领取”文字创建进来，制作促销优惠券信息如图3-48~图3-52所示。

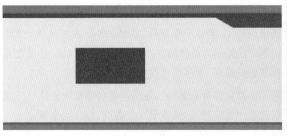

图3-48 创建矩形

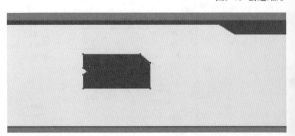

图3-49 调整矩形的效果

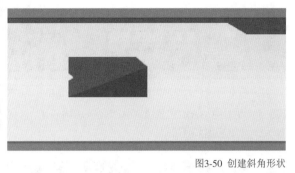

图3-50 创建斜角形状

图3-51 创建文字内容

图3-52 优惠券的最终效果

08 制作好一个优惠券之后，其他优惠券的制作就比较简单了。只需直接对制作好的优惠券进行复制和粘贴，然后调整其位置和大小即可，如图3-53所示。

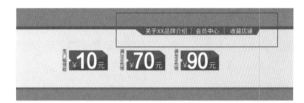

图3-53 其他优惠券的最终效果

> **TIPS**
>
> 如果设计对象的效果相差不大，可以先设计出一个效果，然后进行复制和粘贴，再对内容进行修改。

09 在店铺招牌上面也可以展现"××产品的介绍""会员中心"和"收藏店铺"等信息，效果如图3-54所示。

图3-54 创建其他信息

10 经过前面一系列的操作，促销类店铺招牌的设计就完成了，最终效果如图3-55所示。

图3-55 促销类店铺招牌的最终效果

> **小结**
>
> 在创建某些形状或绘制某些效果的时候，"钢笔工具" ✎ 的使用是必不可少的，因此需要熟练掌握。优惠券的样式有很多，如果不知道怎么设计，可以参考其他店铺的效果，平日里也要多搜集和整理这类素材。制作优惠券要遵循的原则就是美观、大方和醒目，让消费者看到后有点击的欲望。

3.3.4 含有导航类店铺招牌的设计

● 视频名称：3.3.4 含有导航类店铺招牌的设计　　● 实例位置：实例文件 >CH03>3.3.4
● 素材位置：素材文件 >CH03>3.3.4

店铺招牌的高度有两种尺寸：一种为120像素，不包含导航信息内容；另一种为150像素，包含导航信息内容。图3-56所示为淘宝旺铺装修后台页面编辑中显示的头部区域。接下来将介绍如何制作一个宽1920像素、高150像素的含有导航信息内容的店铺招牌。

图3-56 头部区域

01 新建文件，然后设置"宽度"为1920像素、"高度"为150像素、"分辨率"为72像素/英寸，如图3-57所示。

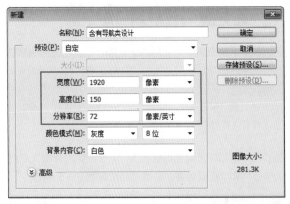

图3-57 新建文件

02 分别创建垂直方向和水平方向的一条参考线，如图3-58和图3-59所示。

图3-58 创建参考线

图3-59 参考线示意图

TIPS

将参考线创建好之后，接下来就要把店铺招牌的主要信息内容放到950像素×120像素的位置，把导航信息内容放到950像素×30像素的位置。有了参考线，就不会盲目地进行设计了，后期上传到店铺时不会出现显示不出来的问题。

03 选择工具箱中的"油漆桶工具" ，将前景色设置为（R:51，G:51，B:51），然后进行填充，如图3-60所示。

图3-60 填充背景的效果

04 将"CH03>3.3.4"文件夹中的"Logo素材.psd"文件导入，然后使用工具箱中的"横排文字工具" 把店铺名称和相对应的英文名称创建进来，如图3-61和图3-62所示。

图3-61 导入"Logo素材"文件

图3-62 创建店铺名称

05 将"CH03>3.3.4"文件夹中的"收藏店铺.psd"素材导入，效果如图3-63所示。

图3-63 导入"收藏店铺"素材

06 使用工具箱中的"矩形工具" 在文件的空白处单击，然后在弹出的"创建矩形"对话框中设置"宽度"为1920像素、"高度"为30像素，再把创建出来的矩形对象移动到店铺招牌的底部，在其中创建导航信息，如图3-64和图3-65所示。

图3-64 创建矩形

图3-65 将矩形移动到合适的位置

TIPS

创建矩形有两种方法：一种是使用工具箱中的"矩形工具" 直接在画布中拖曳，进行自由创建；另一种是选择"矩形工具" ，然后在画面中单击鼠标左键，在弹出的"创建矩形"对话框中设置宽度和高度，进行创建。

07 在"图层"面板下方单击"添加图层样式" 按钮，然后在弹出的"图层样式"对话框中选择"渐变叠加"效果，并设置好参数，如图3-66和图3-67所示。

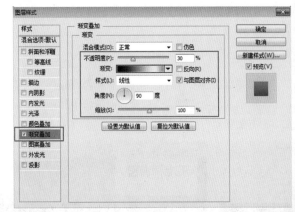

图3-66 "渐变叠加"的参数设置

图3-67 导航栏的背景效果

08 选择工具箱中的"横排文字工具"T，然后将颜色设置为深灰色，并创建"首页惊喜"文字，再把其他导航信息的文字也创建进来，如图3-68和图3-69所示。

图3-68 创建"首页惊喜"文字

图3-69 创建其他导航文字

TIPS
建议为每一个文字单独创建一个文字图层，这样后期在调整单个文字时就会相对容易一些。如果所有文字都在一个文字图层里，调整起来就会比较麻烦。

09 在"图层"面板中，选择所有的导航文字图层对象，然后在选项栏中设置对齐模式为"水平居中分布"，这时就对所有的导航文字进行了水平对齐和居中分布，如图3-70和图3-71所示。

图3-70 选择所有的导航文字图层

图3-71 对齐分布之后的效果

TIPS
如果是多个对象，就需要进行排列或者对齐分布处理。新手一定要牢记，不能使用"移动工具"调整图像位置，这样操作会存在一些误差。直接单击对齐和分布按钮，这样操作既方便又准确，如图3-72所示。

图3-72 排列或对齐分布

10 使用"矩形工具"创建一条垂直线段，将其放在两个导航名称的中间，然后创建出多条垂直线段，接着在选项栏上单击"对齐"和"分布"按钮，重新对导航栏上的对象进行排版，添加一些装饰效果，如图3-73和图3-74所示。

图3-73 创建一条垂直线段

图3-74 创建导航线段之后的效果

11 通过上面一系列的操作，含有导航信息内容的店铺招牌就设计完成了，最终效果如图3-75所示。

图3-75 含有导航信息的店铺招牌的最终效果

小结
有的店铺会单独制作导航模块，有的店铺会使用旺铺后台默认的导航模块，因此导航的制作没有一个统一的标准。不过，制作导航的目的是让消费者进入店铺之后在第一时间就能清楚所出售的商品，然后进行选择。

3.4 店铺招牌的上传与装修

现在，我们已经知道店铺招牌的制作方法了，那么，当设计好店铺招牌之后，如何上传到店铺中呢？人们经常说的"全屏店铺招牌"又是如何制作的呢？本节将详细讲解如何把制作好的店铺招牌成功地上传到旺铺中。

在上传1920像素全屏店铺招牌时，还要将"收藏店铺""关注"和店铺招牌上的其他链接添加进来。下面进行详细讲解。

01 使用工具箱中的"裁剪工具" 📐 对参考线中间的部分进行裁剪处理，然后执行"文件>存储为Web所用格式"菜单命令，接着在弹出来的"存储为Web所用格式"对话框中进行参数的设置，对制作好的1920像素全屏店铺招牌进行裁剪处理，如图3-76和图3-77所示。

图3-76 裁剪处理

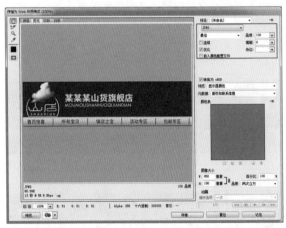

图3-77 设置图片格式和压缩品质

02 进行裁剪处理之后，就得到了一个新的店铺招牌，如图3-78所示。另一个店铺招牌没有经过裁剪处理，如图3-79所示。

图3-78 宽950像素

图3-79 宽1920像素

💡 TIPS

全屏店铺招牌的装修需要通过以上两张图来实现，1920像素的店铺招牌设置为背景，另一张950像素的店铺招牌则在后台上传，然后为其添加相应的链接即可。

03 打开淘宝装修后台的"图片空间"，然后上传宽度为950像素的店铺招牌图片。当我们选择了图片之后，会显示"复制图片""复制链接""复制代码"等操作选项，这时单击"复制代码"选项，在弹出的"请手动复制内容"对话框中选择所有的代码，再进行复制，如图3-80~图3-82所示。

图3-80 淘宝装修后台的"图片空间"

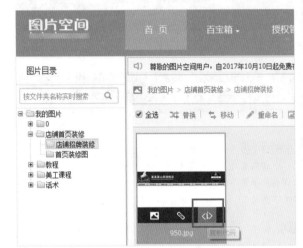

图3-81 单击"复制代码"按钮

图3-82 复制代码

04 启动Dreamweaver并新建文档，然后选择"拆分"视图模式，对文件中默认的代码进行全选，再按Delete键删除；最好使用组合快捷键Ctrl+V把上一步复制的图片的代码粘贴过来，为店铺招牌上的对象添加链接如图3-83和图3-84所示。

图3-83 删除文件中的默认代码

图3-84 粘贴图片的代码

05 在属性栏中选择"圆形热点工具" ⚪，然后在"收藏店铺"的按钮上创建一个圆形热点对象，如图3-85和图3-86所示。

图3-85 圆形热点工具

图3-86 创建圆形热点

06 找到"收藏店铺"的地址链接，然后单击所在淘宝店铺首页右上角的"收藏店铺"按钮，并单击鼠标右键复制链接的地址，接着在"热点"的属性栏上将链接粘贴过来，目标选择为-Blank，如图3-87和图3-88所示。

图3-87 "收藏店铺"按钮

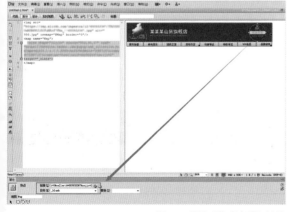

图3-88 粘贴"收藏店铺"链接

07 用同样的方法将店铺招牌上的Logo信息和店铺

名称都链接到首页，让每个导航信息都找到指定的内容，然后逐一创建热区并添加链接，如图3-89所示。添加完链接之后，在"拆分"模式里复制所有的代码信息。

图3-89 创建其他链接

08 登录旺铺装修后台，在"装修店铺"的"招牌内容"中将"招牌类型"设置为"自定义招牌"，然后单击"代码模式"按钮，将复制的代码信息粘贴过来，如图3-90所示。

图3-90 粘贴代码

09 保存好代码之后，就可以单击右上角的"预览"按钮，查看添加的链接是否正确、显示的效果是否有误，如图3-91和图3-92所示。

图3-91 单击"预览"按钮

图3-92 预览效果

10 在旺铺装修后台选择"页头",然后在"页头背景图"中单击"更换图"按钮,再将制作好的1920像素全屏店铺招牌图作为页头背景图替换进来,如图3-93和图3-94所示。

图3-93 更换页头背景图

图3-94 页头背景图效果

11 单击"预览"按钮之后,就可以看到这个全屏店铺招牌的效果了,如图3-95所示。

图3-95 全屏店铺招牌的最终效果

小结

如果想将导航模块放到图片中,装修方法与上面讲解的一样。如果导航模块中有下拉菜单,就不能将导航模块和店铺招牌放到一张图上了,如图3-96所示。

图3-96 有下拉菜单的导航

3.5 课后作业

根据自己的学习情况,独立完成一个店铺招牌的制作,参照效果如图3-97所示。

把制作好的店铺招牌上传到"图片空间",然后对店铺进行装修。

制作一个优惠券,参照效果如图3-98所示。

图3-97 店铺导航效果

图3-98 优惠券效果

在业余时间,搜集50~100个优秀的店铺招牌,并分析其优点。

第 4 章

主图海报的设计与装修

　　随着智能手机的日益普及，淘宝主图的设计已经从原来的PC端主战场慢慢转移到手机端。因此，手机端的主图设计也不容忽视。本章将详细讲解PC端和手机端主图海报的设计和装修方法。

学习要点

清楚主图海报的重要性
了解主图海报的设计规范
掌握主图海报的上传与装修方法

4.1 主图海报的重要性

众所周知，一个淘宝店铺最大的流量入口就是淘宝搜索。当输入产品名称，各产品被展示出来之后，买家就会选择自己喜欢的主图并点击进入产品的详情页。例如，当搜索"牛仔裤"的时候，会出现各种不同的样式，如图4-1所示。

图4-1 搜索"牛仔裤"

通常情况下，主图设计得好坏直接决定着点击率。无论产品的质量有多好，详情页设计得有多么详细，只要主图设计得不够吸引人，点击率肯定上不去。

随着这些年智能手机的普及和发展，在手机上进行购物的人数已经远远超越了在计算机上进行购物的人数。因此，手机淘宝主图海报的设计不容忽视。图4-2所示为在手机淘宝App上搜索"裙子"和"袜子"两个商品关键词之后出现的商品。我们不难发现，手机淘宝主图海报展示的样式和尺寸比计算机端的更多样化。

图4-2 在手机淘宝首页搜索产品

因此，美工设计人员一定要重视手机无线端的流量，根据平台的变化调整主图海报的效果。接下来将着重讲解主图海报的制作方法，希望读者能认真学习。

4.2 主图海报的设计规范

因为PC端和手机端的图片尺寸不一样，所以主图海报的设计规范和要求也不一样。另外，有一些产品类目的要求也不一样，如女装类目要求第五张主图为平铺白底图，还有一些产品类目要求第二张主图或第三张主图为平铺白底图。

4.2.1 PC端主图海报的设计规范

在店铺的"卖家中心"发布宝贝主图时，要先选择合适的商品类目，然后在宝贝基本信息项填写标题，再选择"电脑端宝贝图片"。以女装为例，系统提供了5张"电脑端宝贝图片""主图视频""宝贝长图"等，如图4-3所示。

电脑端宝贝主图的大小不能超过3MB，并要求宽度为700像素、高度为700像素及以上。将图片上传好之后，宝贝详情页会自动提供放大镜功能。宝贝主图的最小尺寸为宽度和高度均为310像素。淘宝没有明确规定主图的宽度和高度，通常我们会设置为800像素×800像素的正方形效果。

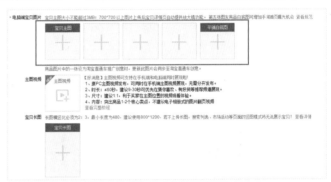

> **TIPS**
> 一种产品最多支持上传5张主图海报，要保证这5张主图海报色调的统一。

图4-3 发布宝贝主图

4.2.2 平铺白底主图海报的设计规范

如果想在手机淘宝首页获得展示推广，制作平铺白底图必不可少。否则，想要获得展示推广的商品就不可能在这些渠道的首页入口被浏览到。以手机淘宝首页"有好货"为例，如果买家对女装比较感兴趣，那么手机淘宝首页这些产品的入口就会尽量展示相关品类的图片。同时，为了保证所见即所得，在点击各个商品进入详细的页面后，入口宝贝都会在首屏有对应的推荐位，如图4-4所示。

因此一旦宝贝出现在手机淘宝首页，不仅可以获取大量的精准曝光流量，同时还会获得产品内宝贝置顶的额外流量。买家是被入口图吸引进来的，那么对应宝贝的点击购买转化率将会非常高。

怎样才能让宝贝出现在手机淘宝首页呢？要求上传的第五张白底主图必须符合手机淘宝入口图的规范。

图4-4 手机淘宝首页的"有好货"

手机淘宝首页白底图的制作规范如下。

图片尺寸：大小必须是800像素×800像素，分辨率为72像素/英寸。

图片格式及大小：JPG格式，300KB以内。

商品：要求图片中的商品主体完整，铺满整个画面，不能预留白边。如果商品呈正方形，要求四面顶边；如果商品呈长方形，要求上下顶边，左右居中；如果商品是横版的，要求左右顶边，上下居中。

图片背景：必须是纯白底，最好对素材进行抠图处理，将边缘处理干净，使其无阴影。

图片无Logo、无水印、无文字、无拼接。

不能出现人体的任何部位，如手、脚、腿和头等。

必须是平铺或者挂拍的图片，不可出现衣架（衣架的挂钩也不可出现）、假模和商品吊牌等。

商品需要以正面的角度展现，尽量不要以侧面或背面的角度展现，主体不要左右倾斜。

图片美观度高，品质感强，商品尽量平整一些，不要有褶皱。

构图明快简洁，商品主体清晰、明确、突出，并居中放置。

每张图中只能出现一个主体，不可出现多个相同主体。

图片中的商品主体必须展示完整，展示比例不要过小，商品主体要大于300像素×300像素。

套装出售的商品展示建议：无论是几件套，都要有一个商品主体，其他商品为辅。商品构图要紧凑，几件商品的间距不要过大，以免影响商品的展示效果。构图不要过于细长，尽量方正，这样有利于商品在首页中得到最大化展现。

白底主图的效果如图4-5~图4-7所示。

图4-5 图片标准

图4-6 单品

图4-7 套装

4.2.3 宝贝长图海报的设计规范

宝贝长图的尺寸要求宽高比必须为2：3，高度最小为480像素，如图4-8所示。建议使用800像素×1200像素的尺寸，若不上传长图，则搜索列表、市场活动等页面的竖图模式将无法展现宝贝。

图4-8 长图比例

在无线搜索结果页面中，发布了长图的商品会得到优先展示，效果如图4-9所示。

图4-9 长图展示的效果

1. 拍摄要求

模特图：单人模特图（情侣装除外）要求模特居中，展示正脸，尽量展示全身。"裤装""半身裙"从腰到脚或者从头到脚进行展示；"上装""连衣裙"从头到脚或者从头到膝盖进行展示；"套装"从头到脚进行展示。

非模特图：商品图要求平铺非折叠。

2. 图片质量

要求图片为实拍图，无水印，无拼图，抠图需自然，不得包含促销、夸大描述等文字说明，但不限于限时折扣、包邮、满减送等，效果展示如图4-10所示。

图4-10 实拍图效果展示

3. 前台展示用场景

淘宝规定，长图会陆续接入女装的各类场景，为了能够使卖家便捷地获取官方流量（含营销活动、大促、频道页、无线搜索等），这里规定了以下几点。

第一点：针对女装各级频道，具备第六张图为长图的商品，会在频道特定楼层内做个性化自动投放，如抢新平台、大厂直供、各风格、品类馆和新品频道等。

第二点：针对营销活动，在招商时，卖家无须提报商品入口图，系统会自动抓取第六张长图，为卖家大促报名提供便捷，如各大促活动页面和List页面等。

第三点：针对无线搜索及频道资源位，包括手淘/搜索、类目导航及List展示。

后期会根据长图片的数量和质量，不断拓展前台应用，包括List及全部资源位。

4. 披露长图的原因

因为服饰的长方形特性，原有的正方形主图存在空间浪费和展示不全等问题，而长图给买家带来的体验更好。根据页面点击CTR效果验证，在手淘长图的引导成交及点击率均高于方图，所以无线搜索端即将接入长图展示。

5. 已经发布了第六张图的处理方法

如果没有根据规定的尺寸要求就发布了第六张图，则需要重新修改编辑，再上传正确尺寸的长图。只有校验通过的图片，才有机会在前台得以展现。

现在主图60秒视频的功能已向所有商家开放，部分视频限权类目的商家除外（成人、虚拟等）。商家在发布主图视频的时候，需要注意以下几点。

第一点：发布原PC端主图视频，可同时在手机端主图视频中展现，无须分开进行。

第二点：时长：小于60秒，如果是9~30秒的，建议先在"猜你喜欢""有好货"等推荐模块展示。

第三点：尺寸：建议主图视频的尺寸比例为1∶1，这样有利于买家在主图位置观看视频。

第四点：内容：需要突出商品的1~2个核心卖点，主图视频的要求如图4-11所示。

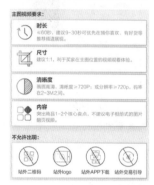

图4-11 主图视频的要求

主图60秒视频与PC端9秒视频的互通，对于卖家来说有以下几点好处。

第一点：主图视频全部免费，存储免费，流量免费。

第二点：3钻以下的商家也可直接发布主图视频，无须再申请审核。即全网所有商家都可直接发视频（限权类目除外）。

原无线端主图60秒视频和PC端9秒主图视频互通，前后效果对比如图4-12所示。

	原来（8月10日前）		8月10日后
	无线端60秒主图视频	PC端9秒主图视频	主图视频（PC和无线打通）
时长	60秒以内	9秒以内	统一60秒以内（原PC9秒提升至60秒以内）
发布端	神笔后台	商品发布 / 编辑后台：商家 / 卖家中心-宝贝管理-主图视频	可以在多个端发布： 1、神笔后台 2、商品发布后台：商家 / 卖家中心-宝贝管理
展现端	手机淘宝app的详情主图第一屏位置	PC详情主图位置	手机和PC端同时展现 说明： 1、原来已发布的9秒主图视频，如在8月10日后重新上传60秒视频，会更新为新的60秒主图视频，替换掉原来9秒主图视频。

图4-12 前后效果对比

如果你的店铺从未使用过无线视频，仅使用了PC端9秒主图视频，那么需要注意以下两点。

第一点：因为PC端9秒主图视频升级，与无线视频互通，共享无线视频的存储空间，所以需要开启免费的无线存储空间。针对天猫商家和淘宝4钻及以上商家，免费赠送1GB无线视频的存储空间；针对淘宝3钻及以下商家，免费赠送500M存储空间。如未开启免费的无线存储空间，则无法更新主图视频。开启的方法很简单，单击"免费开启"按钮即可，如图4-13所示。

图4-13 单击"免费开启"按钮

第二点：如果在视频选择器中未找到自己原来在PC端的视频，请进入视频管理后台，然后切换到PC端视频空间，点击"同步至无线库"即可，如图4-14所示。

图4-14 点击"同步至无线库"

4.3 主图海报的设计方法与技巧

在淘宝搜索某个商品后，首页会出现48个宝贝。面对众多的商品，消费者怎么才能选择我们的产品主图，然后进入店铺查看商品的介绍呢？根据淘宝官方数据，平均每个页面只有3~5个宝贝会被点击。那么，怎样设计主图海报才能吸引买家进行点击呢？本节将详细讲解怎样设计高点击率的主图海报。

4.3.1 主图海报的背景设计

要想让主图海报脱颖而出，引人注意，可以从某背景入手。如果主图海报能引起消费者注意，就能增加一定的点击率，也就相当于取得了初步成功。可以将主图海报的背景设计为白色、深色和渐变色，有的背景是实景拍摄和影棚实拍的。图4-15所示为在电商网站挑选的几个背景效果比较好的主图。

图4-15 主图背景效果

4.3.2 主图海报的产品卖点

可以说，产品卖点提炼相当于产品优势提炼。产品卖点不能提炼得太多，突出1~2点即可。一张主图海报的尺寸是有限的，不可能体现商品的全部内容。一般来说，可以展示商品的具体内容或某些数据。比如当我们搜索"毛领外套"的时候，会出现图4-16所示主图效果。

图4-16 搜索"毛领外套"时出现的主图效果

4.3.3 价格优惠信息

网络购物决定消费者是否会购买的一个重要因素，就是价格。同样的商品，同样的型号，同样的功能，那么价格低的会更受消费者的青睐，如图4-17所示。

图4-17 价格优惠信息

4.3.4 文案卖点信息

如果使用一句话就能清楚表达卖点，千万不要使用两句话。图4-18中的第一张和第二张图主打的是胖码大尺寸的衣服，像"非胖勿扰""瘦子别点"这样简单的一句文案就拉近了与消费者之间的距离，第三张主图是想告诉消费者"我们卖的是真货，不会欺骗消费者"。

图4-18 创意卖点信息

4.3.5 产品创意信息

一个好的广告创意在任何场合都会让人赞不绝口。不管是在影视短片里，还是在平面设计中，乃至在主图海报设计中，创意都很重要。图4-19中的第一张图展示的是运动跑步、极速的效果，第二张图展示的是鞋子透气的效果，第三张图展示的是鞋子运动、融合的效果，这些都是很好的产品创意。

图4-19 产品创意效果

> **TIPS**
> 在设计主图海报时，明星图片、盗用图片和尺寸不符合规范等问题都大忌，新手设计师千万不要触犯。

4.4 主图海报设计实例

本节将通过实例演示的方式讲解白底主图海报、产品展示类主图海报和活动促销类主图海报的制作方法和技巧。读者可以结合本书的相关配套资源，跟着步骤进行学习。

4.4.1 白底主图海报的设计

● 视频名称：4.4.1 白底主图海报的设计　　● 实例位置：实例文件 >CH04>4.4.1
● 素材位置：素材文件 >CH04>4.4.1

01 打开"CH04>4.4.1"文件夹中的"鞋子素材.jpg"，然后选择工具箱中的"快速选择工具"，在鞋子主图上进行选择，接着在选项栏上单击"加选模式"按钮，进一步选中没有选择的鞋子主体，如图4-20和图4-21所示。

图4-20 选择鞋子主体　　图4-21 选择整个主体的效果

> **☆ TIPS**
>
> 使用"快速选择工具"选择物体时，需要先选择大的主体，然后对边缘或细节处进行选择。同时，在选项栏上会有"加选模式"和"减选模式"，可以配合着使用。

02 选择"画笔工具"，然后将"大小"设置为5像素，对鞋眼和鞋舌等没有选到的部分进行加选，接着对鞋帮上的提鞋绳进行加选，再把鞋底没有选到的部分也进行加选。鞋底和地面有接触，在前期拍摄的时候，受光线的影响，产生了很浓厚的阴影效果，这就需要使用"减选模式"进行减选操作，如图4-22~图4-26所示。

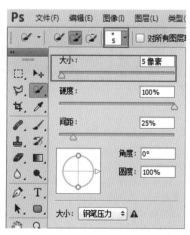

图4-22 参数设置

图4-23 鞋舌位置的加选

图4-24 鞋帮位置的加选

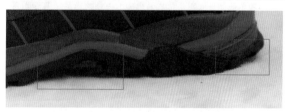

图4-25 鞋底位置的加选

图4-26 对鞋底进行减选

> **☆ TIPS**
>
> 在选择"加选模式"时，直接按住Alt键不放，可以临时转换为"减选模式"；如果松开Alt键，则会回到原来的"加选模式"。

03 选择整只鞋子的轮廓之后，单击"图层"面板下方的"添加蒙版" ◙ 按钮，就会在背景图层上多了一个图层蒙版效果，这时就可对鞋子进行抠图处理了，如图4-27~图4-29所示。

图4-27 添加图层蒙版　　图4-28 添加图层蒙版后的效果

图4-29 抠图后的效果

:Ò: TIPS
图层蒙版只有黑色、白色和灰色3种颜色模式。其中，黑色表示的是屏蔽图层信息的内容，白色表示的是显示图层信息的内容，灰色是半透明的效果。在对鞋子进行抠图处理的过程中，鞋子在蒙版里是白色的，鞋子四周就是黑色的。

04 将产品图抠好之后，开始制作主图海报。新建文件，然后设置"宽度"为800像素、"高度"为800像素、"分辨率"为72像素/英寸，如图4-30所示。

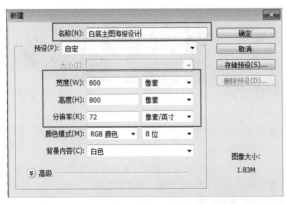

图4-30 新建文件

05 把抠出来的鞋子拖到新建的画布中，然后调整其大小和位置，并在选项栏上单击"提交当前操作"按钮 ✓，完成产品图的导入，如图4-31所示。

图4-31 导入抠好的图片

06 在工具箱中选择"画笔工具" ✓，然后将前景色设置为白色，并在选项栏上将"不透明度"设置为50%，接着在"图层"面板上选择蒙版层，对鞋子底部的阴影进行擦除，这样就还原了鞋子的阴影效果，如图4-32~图4-34所示。

图4-32 要擦除的位置

图4-33 蒙版擦除效果

图4-34 鞋子的阴影效果

:Ò: TIPS
在图层蒙版上用"画笔工具" ✓ 进行操作时，白色代表的是要显示的信息，黑色代表的是不显示的信息。这里将画笔的"不透明度"设置为50%，则显示的是灰色，相当于显示的是半透明的图层信息。

07 在"图层"面板下方单击"创建新的填充或调整图层"按钮 ●.，新建"曲线"调整层，然后在曲线调整"属性"面板上拖动滑竿，如图4-35所示。通过简单的一步，整个鞋子的亮度得以提高，调整之后鞋子的效果如图4-36所示。

图4-35 调整"曲线"的参数

图4-36 调整之后鞋子的效果

08 如果白底主图作为第五张主图，则不需要添加商品Logo信息；如果是前四张主图的效果，那么建议添加一个产品Logo，这样产品的识别度会高一些。添加Logo后的白底主图，最终效果如图4-37所示。

图4-37 最终效果

📖 小结

抠图过程中，有时候会使用"快速选择工具" 🖼 和"魔棒工具" 🖼 进行操作，这属于便捷的抠图方法。如果大家有时间，还是建议使用"钢笔工具" 🖼 对产品进行精细抠图操作。白底主图海报相对比较简单，只要掌握产品抠图，能把多余的背景信息屏蔽掉，就能完成白底图的制作。如果产品拍摄的效果不太完美，可以在后期进行调整，让产品的色彩更加鲜艳。

4.4.2 产品展示类主图海报的设计

● 视频名称：4.4.2 产品展示类主图海报的设计　● 实例位置：实例文件 >CH04>4.4.2
● 素材位置：素材文件 >CH04>4.4.2

01 新建文件并命名，然后设置"宽度"为800像素、"高度"为800像素、"分辨率"为72像素/英寸，如图4-38所示。

图4-38 新建文件

02 将"CH04>4.4.2"文件夹中的"豆浆.jpg"素材导入，并调整其大小，然后单击选项栏上的"提交变换"按钮 ✓，完成图片的导入，如图4-39和图4-40所示。

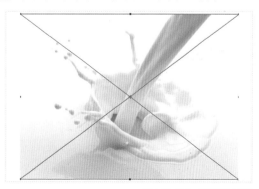

图4-39 导入"豆浆"素材

图4-40 调整大小

TIPS

将素材直接导入界面中，系统默认的是以智能图层的方式打开，可以自由变换图片的大小。在导入的时候，可以双击鼠标左键，也可以单击选项栏上的"提交变换"按钮✓或者直接按Enter键确定。

03 一般在制作海报时，背景素材图不能太抢眼，要进行模糊或虚化处理。将"图层"的"不透明度"设置为50%，然后单击"图层"面板下方的"添加图层蒙版"按钮 ▣，添加一个新的图层蒙版，接着在工具箱中选择"画笔工具"✓，并将画笔设置为黑色，再将"不透明度"设置为20%，最后在图层蒙版上进行涂抹操作，如图4-41~图4-43所示。

图4-41 添加图层蒙版　　图4-42 图层蒙版绘制

图4-43 调整素材背景的效果

TIPS

画笔的颜色设置其实就是前景色的设置，如果将前景色设置为黑色，那么画笔的颜色就是黑色；如果将前景色设置为红色，那么画笔的颜色就是红色。另外，"不透明度"参数的大小控制着画笔流量的多少。

04 将"CH04>4.4.2"文件夹中的"商品.png"素材导入，并调整其位置，然后单击"图层"面板下方的"创建一个新的填充或调整图层"按钮 ◐，创建一个"曲线"调整层，对产品的亮度进行调整，再在"图层"上单击鼠标右键，在弹出的菜单中选择"创建剪贴蒙版"，让曲线调整层只影响产品的调整效果，如图4-44~图4-47所示。

 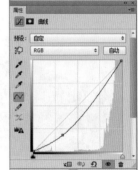

图4-44 导入"商品"素材　　图4-45 "曲线"的参数设置

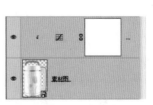 

图4-46 剪贴蒙版图层效果　　图4-47 调整之后的效果

TIPS

在Photoshop中，如果在调整层中进行操作，那么调整层下方的图层都会受到影响；如果只想对一个图层进行调整，那么就需要进行"创建剪贴蒙版"操作。可以直接单击"创建剪贴蒙版"菜单命令，还可以直接在图层缩略图上按住Alt键，然后单击鼠标左键，从而完成"创建剪贴蒙版"的操作，如图4-48所示。

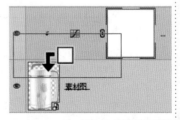

图4-48 创建剪贴蒙版

05 使用"横排文字工具" ![T] 创建"免滤醇香"文字内容，然后在选项栏上设置字体的大小和颜色，如图4-49所示。

图4-49 创建字体

06 选择文字，执行"选择>载入选区"菜单命令，给文字创建一个选区，然后新建一个空白图层，选择"渐变工具" ![img]，在"渐变编辑器"对话框中设置参数，为这个空白的图层选区制作渐变效果，再选择"画笔工具" ![img]，并调整画笔的"不透明度"，在文字上面适当进行涂抹，使其更有立体感，最后执行"选择>取消选区"菜单命令，取消选区，如图4-50~图4-53所示。

图4-50 创建文字选区

图4-51 "渐变编辑器"的参数设置

图4-52 渐变效果

图4-53 最终效果

TIPS

　　载入选区的快捷操作方法：按住Ctrl键，单击鼠标左键选择图层缩略图，即可创建选区，如图4-54所示。如果想快速取消选区，可以使用组合快捷键Ctrl+D。

图4-54 载入选区

07 用同样的方法，把"智能芯片""304材质"文字也创建进来，效果如图4-55所示。

图4-55 创建其他文字

图4-56 组的管理

08 把主图海报中的商品品牌和售卖价格的文案内容创建进来。这次使用的字体相对比较纤细，效果如图4-57所示。

图4-57 创建方案内容

09 将"CH04>4.4.2"文件夹中的"杯子.png"素材导入，放到豆浆机的前面，如图4-58所示。新建一个空白图层，选择"画笔工具" ，并将"不透明度"设置为70%、画笔"大小"设置为140像素，然后在画布上创建一个如图4-59所示效果。接着使用组合快捷键Ctrl+T结合"自由变换"命令调整画笔的效果，作为杯子的阴影，再将杯子的阴影调整至合适的位置和大小，最后将"CH04>4.4.2"文件夹中的"黄豆.png"素材导入，如图4-60~图4-62所示。

图4-58 导入"杯子"素材　　　　图4-59 创建画笔的效果

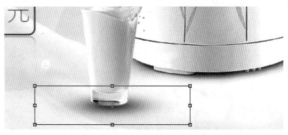

图4-60 创建杯子的投影

图4-61 杯子的效果

图4-62 黄豆的效果

10 将产品Logo信息放到主图海报的左上角,最终效果如图4-63所示。

图4-63 最终效果

4.4.3 活动促销类主图海报的设计

● 视频名称:4.4.3 活动促销类主图海报的设计 ● 实例位置:实例文件 >CH04>4.4.3
● 素材位置:素材文件 >CH04>4.4.3

01 新建文件并命名,然后设置"宽度"为800像素、"高度"为800像素、"分辨率"为72像素/英寸,如图4-64所示。

02 选择"渐变工具"▣,然后在选项栏上设置"模式"为"径向渐变"▣,接着在"渐变编辑器"对话框中设置渐变的颜色,再在背景图层上创建一个渐变效果,如图4-65和图4-66所示。

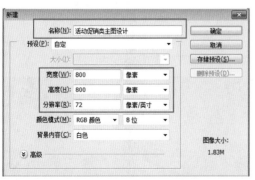

图4-64 新建文件　图4-65 "渐变编辑器"的参数设置　图4-66 渐变背景的效果

TIPS

在Photoshop中,提供了5种渐变模式,其中"线性渐变"和"径向渐变"比较使用,"角度渐变""对称渐变""菱形渐变"不常用,但是也要学习并掌握。

03 单击"图层"面板下方的"新建图层"按钮 ，
创建一个空白图层，然后选择"油漆桶工具" ，将
前景色设置为黑色，接着填充图层并修改"图层"的
名称为"添加杂色"，再执
行"滤镜>杂色>添加杂色"
菜单命令，设置"数量"为
70%、分布为"高斯分布"、
勾线为"单色"，如图4-67~
图4-69所示。

图4-67 新建图层

图4-68 添加杂色

图4-69 添加杂色后的背景效果

04 在工具箱中选择"矩形工具" ，然后将"填
充"设置为红色，接着单击鼠标左键创建一个宽度为
800像素、高度为100像素的矩形，并将创建好的矩形
移动到背景最底部的位置，再使用"钢笔工具" 配
合"添加锚点工具" ，将形状改变成左边低、右边
高的效果，最后绘制一个深红色的三角形放到中间位
置，如图4-70~图4-73所
示。至此，底部背景的制
作完成。

图4-70 创建矩形　　图4-71 将矩形移动到底部位置

图4-72 调整矩形的效果

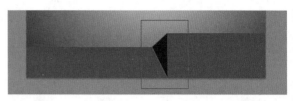

图4-73 底部背景的制作

05 将"CH04>4.4.3"文件夹中的"产品图.png"素材
导入，并调整图片的大小和位置，如图4-74所示。

图4-74 导入素材并调整其大小和位置

06 为了体现鞋子的透气性，在创意方面可以多下功
夫。将"CH04>4.4.3"文件夹中"透气.png"素材导
入，然后使用组合快捷键Ctrl+T结合"自由变换"命令
对图片进行调整，将其放到鞋子的前面，这样消费者
一眼就能看出想要表达透气效果，如图4-75所示。

图4-75 透气效果

在设计的过程中，如果有现成的素材，能大大提高工作效率。可以将案例中用到的"透气"素材存储为PNG格式，以便运用到其他设计中。

07 为了体现鞋子的运动感，可以使用"钢笔工具"绕着鞋子底部创建一条弧线，然后对创建的弧线图层添加图层蒙版，再使用"画笔工具"对两端进行模糊处理，此时弧线就成了一个渐隐过渡样式，最后复制出多条弧线，这样就产生了运动感，如图4-76~图4-78所示。

图4-76 创建弧线

图4-77 调整弧线

图4-78 复制多条弧线

08 在工具箱中选择"横排文字工具"[T]并输入英文，然后将"不透明度"设置为75%，把文字放到背景中，再调整其大小，最后把文字"新品"也创建进来，并放到合适的位置，如图4-79和图4-80所示。

图4-79 创建英文

图4-80 创建中文

在对文字进行排版设计的时候，常用的对比手法有前后对比、大小对比、粗细对比、透明度对比和颜色对比等。

09 复制"新品"文字图层，然后执行"编辑>变换>垂直翻转"菜单命令，并使用"移动工具"[►+]将翻转后的文字层移动到相叠加的位置，接着将文字的"不透明度"设置为60%，再单击"图层"下方的"添加图层蒙版按钮"[▣]，并使用"画笔工具"[✎]对添加的图层蒙版进行涂抹，这样就做成了文字的投影效果，如图4-81和图4-82所示。用同样的方法，将其他文字的投影效果也制作出来，最终效果如图4-83所示。

图4-81 移动翻转文字图层位置

图4-82 文字投影效果

图4-83 最终效果

TIPS
投影的制作一般是先对对象进行镜像复制,然后添加图层蒙版,制作隐现的效果。另外,还可以直接使用"图层样式"中的"投影"效果。

10 使用"横排文字工具" **T** 在底部创建"全店第2件半价"文字,然后在"字符"面板中对字体的大小和颜色进行设置,再将促销产品的优惠价格创建进来,如图4-84和图4-85所示。

图4-84 创建文字

图4-85 创建优惠价格

11 将所有的效果制作好之后,对图层进行合理分组,然后使用组合快捷键Shift+Ctrl+ Alt+E盖印生成一个图层,再进行锐化操作,让整个画面中的对象边缘更清晰。合理规划的图层效果如图4-86所示。

图4-86 合理规划的图层效果

TIPS
美工设计人员要养成对图层进行分组的好习惯,这样在下一次修改的时候就能快速找到所需要的图层。如果没有对图层进行分组,当一个文件有几十个甚至上百个图层时,寻找某一个图层就会很麻烦。

12 通过以上操作,最终效果如图4-87所示。

图4-87 最终效果

小结
在制作活动促销类主图时,要体现活动的内容、价格和优惠力度等信息。因为人们在购物时,即使有很多东西没有必要买,但是看到产品的优惠信息,也会产生购买欲望。

4.5 主图海报的上传与装修

● 素材位置：素材文件 >CH04>4.5

将主图海报制作好之后，就需要进行上传和装修。

01 登录"卖家中心"后台，并点击"发布宝贝"，然后选择合适的类目，在宝贝基本信息项填写标题和属性信息，接着进入电脑端宝贝图片页面中。宝贝主图最多可以上传5张，最少应上传一张，每张图片的大小不能超过3MB，且建议是正方形，如果是700像素×700像素以上的图片，在详情页会自动提供放大镜功能。宝贝图片上传模式如图4-88和图4-89所示。

图4-88 宝贝图片上传模式1　　　　　　　　　　　　　　图4-89 宝贝图片上传模式2

02 进入淘宝"图片空间"，对制作好的主图进行上传，如图4-90所示。

图4-90 上传到"图片空间"

03 选择第一张宝贝主图，系统会自动转到"图片空间"选项，然后找到刚才上传的图片，并单击鼠标左键，此时图片空间的主图海报就直接进来了，如图4-91和图4-92所示。

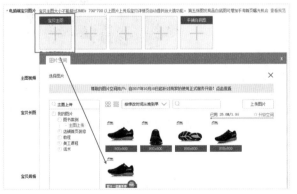

图4-91 选择图片　　　　　　　　　　　　　　图4-92 确定图片

TIPS

在对制作好的海报、主图或详情页等进行切图处理后，都要上传到淘宝的"图片空间"，然后在目录文件夹中对每一类产品进行分类管理。这样在装修或发布宝贝的时候，就可以直接使用图片了。

04 把剩下的4张主图也添加进来，如图4-93所示。

图4-93 添加其他主图

📋 **小结**

　　主图海报的上传方法比较简单，只要跟着提示一步一步完成即可。另外还需要注意一点，不能经常更换产品的主图，后期会涉及产品的排名和展示效果。如果要更换主图，必须先与运营人员沟通好。

4.6 课后作业

● 素材位置：素材文件 > CH04 > 4.6

　　根据本节讲解的内容，对一张有背景的图片进行抠图处理，处理后的效果如图4-94所示。

　　根据本节讲解的内容，独立完成一款鞋子活动促销类主图海报的制作，效果如图4-95所示。

图4-94 白底主图海报　　　　　　　　　图4-95 活动促销类主图海报

　　在业余时间，搜集整理50~100张优秀的主图海报，并分析其优点。

第 **5** 章

全屏海报的设计与装修

　　不论是在大街上，还是在商场里，我们都能看到很多形形色色的海报。
而当打开计算机进入电商购物平台时，映入眼帘最多的也是各种商品的海报
信息。在淘宝店铺中，除了第4章讲的主图海报之外，还有店铺首页的全屏
海报、详情页中的首图焦点海报和在站外推广的直通车钻展海报等。本章将
详细讲解淘宝店铺中全屏海报的设计方法。

学习要点

了解全屏海报在店铺中的重要性
掌握全屏海报的设计方法与技巧

5.1 全屏海报的重要性

全屏海报又被称为"首焦轮播图"，其宽度一般为1920像素。全屏海报位于店铺首页的黄金位置，占有较大的面积，因而当顾客进入店铺首页后第一眼就能看见。好的全屏海报，不仅可以加大店铺活动和产品的宣传力度，还可以提升店铺的形象。全屏海报上面一般会放促销广告图和新品宣传图等内容，可用于品牌展示、新品展示和活动展示，还可通过轮播的方式进行展示。

淘宝店铺中的海报主要用于活动促销宣传、产品推广宣传、店铺活动公告和店铺美化。

作用1：活动促销宣传。

当顾客进入淘宝店铺首页时，第一眼看到的就是全屏海报所处的位置。店铺活动促销宣传包括优惠券领取、满就送、聚划算、周年庆活动和节庆假日活动等。可以说，每月的每周甚至是每天，运营人员都在策划店铺活动。图5-1所示为Gap店铺11月15日至11月23日的优惠活动页面。

图5-1 Gap店铺活动促销宣传

作用2：产品推广宣传。

如果是服装类店铺，每个季度都会上新产品；如果是电子产品类店铺，更新商品的速度就比较慢了，但是也会推广某一款热销的产品或型号，如Apple Store店铺首页推广的是iPhone X，如图5-2所示。

图5-2 Apple Store店铺iPhone X的产品宣传

作用3：店铺活动公告。

每年的"双十一"活动会导致订单暴涨，如果店铺人手不够，就无法正常发货，从而使商品积压，这时需要在店铺内进行公告。在春节前后，物流会停止收件，也需要在店铺进行公告。将公告信息放在首页海报上面是一个不错的选择。图5-3所示为优衣库的门店自提公告，图5-4所示为欧莱雅的订单发货公告，图5-5所示为韩都衣舍的周一上新公告。

图5-3 自提公告（优衣库）

图5-4 发货公告（欧莱雅）

图5-5 上新公告（韩都衣舍）

作用4：店铺美化。

一张漂亮的海报能让店铺显得更加专业，从而提升顾客的购买欲望。图5-6所示为裂帛店铺的一系列海报，不难发现该海报的设计风格充满了浓郁的民族风，效果非常不错。

图5-6 裂帛产品系列海报

全屏海报一般位于店铺招牌的下方,如图5-7所示。

图5-7 全屏海报的位置

全屏海报可以由一张图组成"全屏宽图",也可以添加多张图形成"全屏轮播"海报图,如图5-8所示。注意,轮播海报图最多可以添加5张。

图5-8 智能旺铺全屏模块

展现营销活动的内容,体现店铺整体的形象,是制作店铺海报的两个最重要的基本规则。海报的设计考验着一个设计师的综合能力。本章后面将具体讲解如何制作一张优秀的海报。

5.2 全屏海报的设计要点

海报的设计主要是围绕主题内容、风格样式、构图方法、配色技巧、背景内容、商品信息、文案内容和装饰点缀这8大方面展开。

5.2.1 主题内容

每一张海报都有一个主题,其内容一般放在整个海报页面的第一视觉中心,而且主题文字的提炼要简洁、高效,能让人一眼就知道所表达的信息。图5-9所示为New Balance冬季新品上市海报,图5-10所示为雀巢的优惠券领取海报。

图5-9 New Balance海报

图5-10 雀巢海报

5.2.2 风格样式

风格是指具有不同于其他人的独特表现，如穿衣打扮、行事作风等行为和观念。在海报设计中，所谓的风格就是页面传递给人们的某种感觉，如古典、可爱、小清新和简约等。当我们搜索某一个商品时，系统会推荐这个商品的风格类型，这时就可以根据自己需要的风格寻找相应的商品。同时，海报的风格要和店铺出售的商品风格吻合，也可以根据季节、活动、节日等因素来确定风格。图5-11所示为韩都衣舍漫画风的海报设计，图5-12所示为潮牛人中国风的海报设计。

图5-11 韩都衣舍海报

图5-12 潮牛人海报

5.2.3 构图方法

一个摄影作品是否成功，取决于其构图。只有成功的构图才能使作品内容主次分明、赏心悦目，海报设计同样也要遵循构图原理。一言以蔽之，海报设计的构图就是要处理好背景、商品和文字之间的位置关系，使其整体和谐，突出主题。构图方法多种多样，比较常见的有以下几种。

1.左右式构图

左右式构图是比较经典的构图方法，一般分为左图右文或左文右图两种形式。这类构图方法比较实用，不易出错，给人以平衡、沉稳的感觉，如图5-13和图5-14所示。

图5-13 左右式构图海报1

图5-14 左右式构图海报2

2.垂直水平式构图

垂直水平式构图是对每一个商品进行横向排列，充分展示其效果，每个商品所占画面的比重相同，且秩序感强，如图5-15所示。

图5-15 垂直水平式构图海报

3.上下式构图

上下式构图也是比较常见的构图方法，排版时要注意主次。可以将文字放在画面上方，将商品图放在画面下方，如图5-16所示。

图5-16 上下式构图海报

4.左右三分式构图

左右三分式构图是将商品图放在海报两侧，中间为文字，层次感非常强，如图5-17和图5-18所示。

图5-17 左右三分式构图海报1

图5-18 左右三分式构图海报2

5.斜切式构图

斜切式构图会让画面显得时尚、动感，也会增加画面的视觉冲击力，如图5-19所示。斜切式构图中，文案一般会向右上方倾斜，呈现上升效果，且倾斜的角度最好不要大于30°，否则会影响阅读。

图5-19 斜切式构图海报

6.平衡式构图

平衡式构图会给人以满足感，画面结构完整、安排巧妙、对应平衡，如图5-20所示。

图5-20 平衡式构图海报

7.居中式构图

居中式构图，毋庸置疑就是指商品或主题内容呈现在画面中间，如图5-21所示。

图5-21 居中式构图海报

> **TIPS**
>
> 除了以上讲解的几种构图方法外，还有三角形构图、渐次式构图、辐射式构图、框架式构图和对角线构图等，需要大家在学习和工作的过程中多总结。

5.2.4 配色技巧

配色是刚开始做美工时经常会遇到的一个难题。配色的技巧有很多，常见的有对比色、临近色和冷暖色等多种配色方式。最好的配色方式是提取大自然中的色彩，如图5-22所示。色彩搭配看似复杂，其实并不神秘，部分色彩搭配分类如图5-23所示。

图5-22 大自然色彩

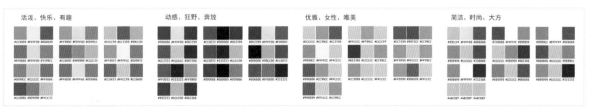

图5-23 色彩搭配分类

5.2.5 背景内容

海报的背景一般分为纯色背景、渐变色背景、纹理背景、实拍背景和后期合成背景等。图5-24所示为LA MER海蓝之谜的海报，背景中的颜色大部分是纯色，产品位置的背景色是渐变色。图5-25所示为NIVEA的海报，左半边为实拍背景，右半边是后期合成背景。

图5-24 LA MER海蓝之谜海报　　　　　　　　　　　　　　　　图5-25 NIVEA 海报

纯色背景指的是以某种颜色或某个色系为背景，其主要特点是简约明快，能更好地突出主题，让消费者的目光集中在模特或产品上面，如图5-26所示。材质纹理背景指的是将自然界真实存在的物质作为背景，如肌理、丝绸、金属、木材和岩石材质等，其主要特点是真实，有代入感，能对主图起到烘托作用，如图5-27所示。

图5-26 七格格海报　　　　　　　　　　　　　　　　　　　图5-27 潮牛人海报

☼ TIPS

通过上述内容不难发现，背景的主要作用就是烘托主题。在设计的过程中，要认真考虑什么样的背景才能够表达主题，并切记背景是为主题服务的。

5.2.6 商品信息

商品是海报的主要构成部分，但在设计海报的过程中会遇到很多商品问题，如商品摆放的角度、清晰度、画面占比、产品融合和商品抠图等。在设计海报之前，客户会提供给一些不同角度的摄影图，这时就要进行全面考虑后续的设计。一张海报中一般会包括商品、模特和其他装饰元素等。图5-28所示为玛玛绨的海报，除了模特身上的外套，还展示了其他3种不同款式和颜色的外套。图5-29所示为倩碧的海报。

图5-28 玛玛绨海报　　　　　　　　　　　　　　　　　　　图5-29 倩碧海报

☼ TIPS

合成海报往往要对商品进行抠图处理。对于新手设计师来说，最难处理的就是商品的边缘部分，要保证边缘部分的清晰和干净。因此，抠图是一项耐心而细致的工作。图5-30所示为鸿星尔克的海报，对人物和背景进行了后期合成处理。

图5-30 鸿星尔克海报

5.2.7 文案内容

文案指的是海报中出现的文字内容，目的是向消费者传递商品或促销引导信息。在一张海报中，往往会包括主文案和辅助文案。因此，文案的设计也很重要。文案包括主标题、副标题、促销价格信息和其他介绍内容等。图5-31所示为The North Face的海报，上面有主标题"山野之间，感恩遇见"和副标题"全场3折起"，还有促销信息"满990减80满1690减150"和活动时间等说明性文字。图5-32所示为Jack Wolfskin的海报，上面只有一个大标题。

图5-31 The North Face海报

图5-32 Jack Wolfskin海报

关于字体，一般有衬线体、非衬线体、书法体和圆体等。例如，宋体字属于衬线体，它的特点是清秀、优美和稳健等，多用于女性产品和文化艺术等领域；黑体字属于非衬线体，它的特点是方正、粗犷、朴素和简洁，形状醒目。在海报设计中，为了营造促销的氛围，往往会选择黑体字作为主标题，如图5-33所示。书法体的特点是挺拔、厚重、文化韵味浓厚，表现力强，如图5-34所示。

图5-33 骆驼户外海报

图5-34 探路者海报

> **TIPS**
> 文案的排版方式，一般常用的有左对齐、居中对齐、右对齐、矩形排版、倾斜排版和圆形排版等。大家在工作的时候要多总结和多思考，做到活学活用。

5.2.8 装饰点缀

为了营造画面氛围，经常会用一些点缀元素进行装饰。这些点缀元素包括不规则的形状、光效和卡通图案等。图5-35中有白色的圆形、黄色的透明圆形和斜线，这些元素对画面都起到了装饰作用。

图5-35 初语海报

一张海报从开始设计到定稿，一般要经历以下7个步骤。

步骤1：确定海报活动主题。

步骤2：提炼主题卖点信息。

步骤3：确定设计方案。

步骤4：画出草图。

步骤5：在Photoshop软件中设计初稿。

步骤6：与运营人员交流找出问题。

步骤7：改稿并进行最终确定。

5.3 全屏海报设计实例

本节将通过5个不同类目的产品来详细讲解全屏海报的设计方法。读者可以跟着步骤进行操作，提高独立完成全屏海报设计的能力。

5.3.1 女装海报的设计

● 视频名称：5.3.1 女装海报的设计　　● 实例位置：实例文件 >CH05>5.3.1

● 素材位置：素材文件 >CH05>5.3.1

本节主要讲解女装全屏促销海报的设计，需要对产品背景、文字排版、图案装饰等进行制作。海报最终效果如图5-36所示。

图5-36 女装海报效果

01 新建文件并命名为"女装类海报设计制作",然后设置"宽度"为1920像素、"高度"为600像素、"分辨率"为72像素/英寸,如图5-37所示。

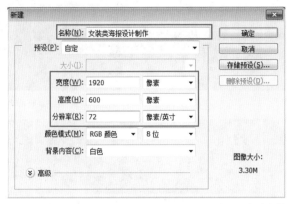

图5-37 新建文件

02 将"CH05>5.5.3"文件夹中的"女装.jpg"素材导入,并调整其大小,然后单击选项栏上的"提交变换"按钮 ✔,完成素材的导入,如图5-38所示。

图5-38 导入"女装"素材

03 使用工具箱中的"快速选择工具" ✐选择模特的轮廓,如果在选择的过程中多选或少选了,可以配合选项栏上的"加选" ✐和"减选" ✐命令进行调整,然后复制一份选择好的模特轮廓,如图5-39和图5-40所示。

图5-39 选择模特 图5-40 复制一个图层

04 使用工具箱中的"横排文字工具" T,创建"初夏"二字,将颜色设置为白色,然后将创建的文字层移动到

复制的模特图层后面,这样文字就位于模特的后方,如图5-41和图5-42所示。

图5-41 创建文字

图5-42 将文字移动到模特图层后面

05 选择工具箱中的"矩形工具" ▢,然后在选项栏上设置类型为"形状"、描边为白色、大小为8像素,并创建一个矩形,接着给创建的矩形添加一个图层蒙版,按住Ctrl键并单击鼠标左键,将复制的模特图层载入选区,再选择"画笔工具" ✐,将前景色设置为黑色,把模特头部的位置显示出来,最后将画笔的形状改成椭圆形,将左右两边的位置也制作出来,如图5-43~图5-46所示。

图5-43 创建矩形

图5-44 显示头部效果

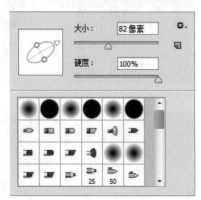

图5-45 将画笔的形状改成椭圆形

图5-46 最终效果

💡 TIPS

　　这一步操作是为了让模特的头部完整地显示出来。除了可以使用蒙版的操作方法外，还可以先把形状图层直接转换成普通图层，然后使用"套索工具"◯选择需要删除的信息，直接删除。但是作为一个专业的设计师，在制作图片的过程中，尽量不要进行"损坏性"操作，用图层蒙版的方法不会损坏矩形图层的属性，而如果转换成了普通图层就无法还原了。

06 使用"画笔工具"✏️创建一个黑色的画笔效果，然后使用组合快捷键Ctrl+T结合"自由变换"命令将其调整到与矩形差不多的大小，再使用"矩形选框工具"▭把上部分的内容选出来，最后使用Delete键把多选的内容删掉，如图5-47~图5-49所示。至此，矩形的阴影就制作好了。

图5-47 创建并调整画笔

图5-48 用矩形选框选择内容

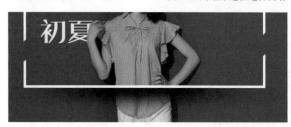

图5-49 创建的阴影效果

07 使用"横排文字工具"T创建"学生装"3个字，然后创建英文NEWSAOPS，并调整文字的间距和位置，然后给文字添加图层蒙版，载入模特选区，为文字制作遮挡效果，这样文字和模特叠加的位置就被隐藏掉了，如图5-50~图5-52所示。

图5-50 创建文字

图5-51 创建英文

图5-52 处理后的效果

08 新建一个空白图层，然后使用"单行选框工具"在两行文字中间创建一个选区，并设置前景色为白色，接着使用"油漆桶工具"为选框填充颜色，再选择"矩形选框工具"，把两边多余的线和模特身上叠加的线都删除掉，最后把这条线的两端制作成若隐若现的效果，如图5-53~图5-57所示。

图5-53 创建单行选框

图5-54 为选框填充颜色

图5-55 用矩形选框工具删除多余内容

图5-56 删除叠加位置的线条

图5-57 处理线条后的效果

09 使用"横排文字工具"把剩下的文案内容"店铺全场五折起""活动时间8月20日—8月30日"创建出来，然后把名字"周小鸭"创建出来，制作成直排文字的效果，如图5-58所示。

图5-58 文字的排版效果

10 选择工具箱中的"直线工具"，在白色矩形上创建一条倾斜的线，用同样的方法，把其他位置的线也创建出来，如图5-59和图5-60所示。

图5-59 创建倾斜的线

图5-60 创建其他线

11 选择工具箱中的"直线工具" ✏️，然后设置填充为白色、大小为1点，并创建一条长斜线，接着复制出多条斜线，将这些斜线的图层合并成一个图层，再使用工具箱中的"椭圆选框工具" ⬭ 在斜线中间创建一个圆，最后将这个圆以外的斜线删除，就可以创建出一个新的创意图形了，如图5-61~图5-64所示。

12 将创建的圆形图案改成其他颜色，然后复制出多个图形，并放到不同的位置，这样就形成了装饰点缀效果，再创建一些矩形、圆形等形状，如图5-65~图5-67所示。

图5-65 填充红色

图5-61 创建一条斜线

图5-62 创建多条斜线

图5-66 创建多个图形

图5-63 创建圆形

图5-64 创建创意图形

图5-67 最终效果

💡 TIPS

对圆形以外的内容进行删除时，有两种操作方法：一种是直接添加图层蒙版即可屏蔽掉不要的内容；另一种是在创建圆形之后，单击鼠标右键，然后在弹出的菜单中选择"选择反向"命令，就能将图形以外的内容直接删除掉。

📝 小结

在制作海报的过程中，要注意对文字与模特叠加部分的处理。本案例中投影的制作方法和之前讲的方法类似，一般都是使用"画笔工具" ✏️ 配合"自由变换"命令完成。

5.3.2 运动鞋海报的设计

● 视频名称：5.3.2 运动鞋海报的设计　　● 实例位置：实例文件 >CH05>5.3.2
● 素材位置：素材文件 >CH05>5.3.2

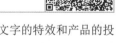

本节将主要讲解运动鞋全屏促销海报的设计。在设计的过程中，需要制作放射性背景、文字的特效和产品的投影效果等。海报最终效果如图5-68所示。

图5-68 运动鞋海报效果

01 新建文件并命名为"鞋子类海报设计制作",然后设置"宽度"为1920像素、"高度"为600像素、"分辨率"为72像素/英寸,如图5-69所示。

图5-69 新建文件

02 执行"视图>新建参考线"菜单命令,然后设置"取向"为垂直、"位置"为960像素,如图5-70和图5-71所示。新建的参考线正好在1920像素文件最中间位置,如图5-72所示。在接下来的制作中,要把主要商品信息和文案内容居中放置。

图5-70 新建参考线

图5-71 设置参考线

图5-72 创建参考线效果

03 选择工具箱中的"渐变工具",并设置从黑色到白色的线性渐变样式,然后在画布上从上往下拉一个渐变效果,再将"不透明度"设置为8%,如图5-73和图5-74所示。

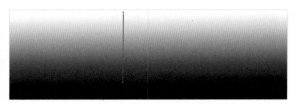

图5-73 渐变效果

图5-74 调整后的效果

04 新建一个空白图层,然后选择工具箱中的"画笔工具",并将前景色设置为白色,再设置画笔大小为400像素、硬度为100%,在画布上创建3个圆,如图5-75和图5-76所示。

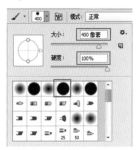

图5-75 设置参数

图5-76 创建圆形

TIPS

使用"画笔工具"、"椭圆选框工具"和"圆角矩形工具"都可以创建圆形。相对而言,"画笔工具"使用起来更灵活便捷。如果是作为背景的效果,通常情况下需要调整背景的"不透明度"以便更好地与画面进行融合。

05 选择工具箱中的"钢笔工具",然后在选项栏上选择"形状",并将填充设置为黑色,接着在画布中间底部位置绘制一条弧线,再对这个形状进行闭合,形成一个新的图形,最后在"图层"面板上将图形的"不透明度"设置为20%,如图5-77~图5-79所示。

图5-77 创建弧形

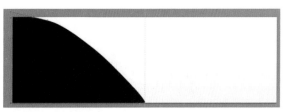

图5-78 创建新图层

图5-79 设置"不透明度"之后的效果

TIPS

如果不设置图层的"不透明度",也可以直接为创建的图形填充灰色。但是在填充颜色的时候,无法准确地知道填充什么颜色,因此本案例中调整了图层的"不透明度"。

06 单击"图层"面板底部的"添加图层蒙版"按钮 ▣,然后选择"画笔工具" ✎,并将前景色设置为黑色,在蒙版上进行绘制,再将此时的图形多复制几个,最后使用组合快捷键Ctrl+T结合"自由变换"命令对图形的角度进行调整,如图5-80~图5-83所示。

图5-80 绘制图层蒙版

图5-81 创建后图形

图5-82 创建第二个图形

图5-83 复制第三个图形

07 用同样的方法,复制出多个图层,然后调整图形的角度和位置,再对叠加效果进行处理,最后在"图层"面板中把创建出来的5个形状图层放到一个组中,如图5-84和图5-85所示。

图5-84 创建多个图层

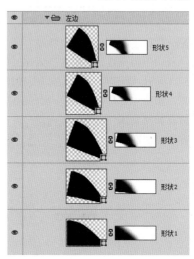

图5-85 创建组管理

TIPS

将多个形状图层放到一个组,这样在移动、调整或修改的时候就可以同步操作。设计新手要多使用组的功能,这样后期在改稿的时候就可以快速找到需要的对象。

08 将制作好的效果复制一份,然后水平翻转并移动到右边,再把背景的颜色设置得浅一些,调整背景的"不透明度"参数值即可,如图5-86和图5-87所示。

图5-86 创建右边的背景

图5-87 调整后的效果

09 将"CH05>5.3.2"文件夹中的"鞋子.png"素材导入,然后调整其大小和位置,接着选择"画笔工具" ,并将前景色设置为黑色、将大小设置为200像素,接下来创建一个画笔效果作为鞋子的投影,再使用组合快捷键Ctrl+T结合"自由变换"命令将投影拉长,最后把调整好的投影效果放到鞋子的底部位置,如图5-88~图5-91所示。

图5-88 导入"鞋子"素材

图5-89 创建画笔效果作为鞋子的投影

图5-90 调整投影的形状

图5-91 最终的投影效果

10 使用工具箱中的"横排文字工具" T 创建一个字母B,然后调整其大小并放到鞋子的前面,接着单击"图层"面板下方的"添加图层样式" fx.按钮,在"图层样式"对话框中选择"渐变叠加",再设置黑色到白色的径向渐变,并将角度设置为90°,如图5-92~图5-94所示。

图5-92 创建文字

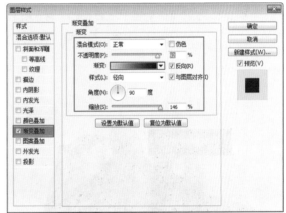

图5-93 "渐变叠加"的参数设置

图5-94 添加文字之后的效果

11 复制一层文字，将其转换为普通图层，然后执行"滤镜>模糊>高斯模糊"菜单命令，在弹出的"高斯模糊"对话框中进行参数设置，再把模糊的文字放到文字层的下面，这样文字的投影效果就制作出来了，如图5-95和5-96所示。

图5-95 对文字进行模糊处理

图5-96 文字的投影效果

:TIPS

投影的制作有两种方法：一种是在"图层样式"里直接选择"投影"，另一种是先复制出一个对象，然后对复制的对象进行模糊处理，再将复制的对象放到原对象的图层下面作为投影即可。

12 将"CH05>5.3.2"文件夹中的"光效.png"素材导入，然后调整其大小并放到文字的顶部位置，再将"图层"的模式设置为"滤色"，这样黑色的背景就被屏蔽掉而只剩下了光效在文字上面，如图5-97和图5-98所示。

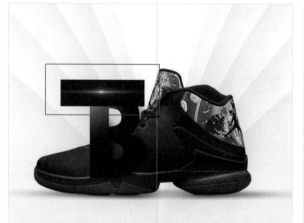

图5-97 导入"光效"素材

图5-98 添加光效

:TIPS

图层的"混合模式"中有很多种不同的叠加效果，如图5-99所示。如果对象的背景是黑色的，可以使用"滤色"模式直接将黑色的背景屏蔽掉，只保留信息内容。本书后面的案例也会用到图层的"混合模式"，如果不知道哪种模式符合要求，可以多试几次。

图5-99 设置图层的"混合模式"

13 用同样的方法，制作出其他的文字效果。将制作好的字母S放到鞋子的前面，然后把剩下的A、M、S文字效果也制作出来，并放到鞋子的后面，如图5-100和图5-101所示。

图5-100 创建字母S效果

图5-101 创建其他文字

14 创建主标题信息SJDIOAJSI，然后将字体颜色设置为深色，再创建SAFHUII副标题信息，并将文案放在中间位置，最后把鞋子底部的文案内容也创建出来，如图5-102和图5-103所示。

图5-102 创建文字效果

图5-103 最终效果

📝 小结

　　本案例中，在制作放射性的背景效果时，对图层的"不透明度"进行了调整，这样才能让图片的边缘进行自然过渡；在制作文字的特效时，方法比较简单，但是要注意在添加光效素材的过程中，需改变图层的"混合模式"；在对文字进行排版时，使用的是倾斜的排版方式，这样能体现出动感的效果。

● 视频名称: 5.3.3 童装海报的设计　　● 实例位置: 实例文件 >CH05>5.3.3
● 素材位置: 素材文件 >CH05>5.3.3

　　本节主要讲解童装全屏促销海报的设计。海报中的背景是实景图，需要进行拼接和颜色的处理，然后对文案内容进行排版。海报最终效果如图5-104所示。

图5-104 童装海报效果

01 新建文件并命名为"童装类海报设计制作"，然后设置"宽度"为1920像素、"高度"为500像素、"分辨率"为72像素/英寸，如图5-105和图5-106所示。

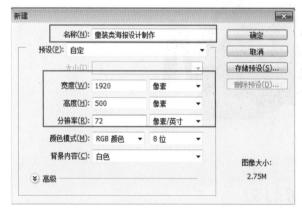

图5-105 新建文件

图5-106 创建画布

🔆 TIPS

　　制作全屏海报时，一般宽度为1920像素，高度为100~600像素。本案例的高度为500像素，也是符合店铺要求的。如果设计的是轮播海报，建议把多张海报图设置为相同的高度。

02 将"CH05>5.3.3"文件夹中的"背景.jpg"素材导入，并调整其大小和位置，然后复制一份素材，并执行"编辑>变换>水平翻转"菜单命令，再把素材移动到右边，如图5-107和图5-108所示。

图5-107 调整素材的大小

图5-108 调整并移动后的效果

🔆 TIPS

　　通过细节不难发现，这张图正好是对称的。例如画面中间的那辆车本来只显示了一半，但是调整后就成了一辆完整的车，而且远处的建筑物也很好地呈现了出来。

03 执行"图层>新建调整图层>色相/饱和度"菜单命令,然后在"属性"面板上设置"饱和度"为+52、"明度"为–2,如图5-109和图5-110所示。

图5-109 色相/饱和度的参
　　　 数设置

图5-110 调整后的效果

💡 TIPS

　　除了可以通过"图层>新建调整图层"菜单命令创建调整图层外,还可以通过单击图层面板下方的"创建新的填充或调整图层"◑按钮创建调整图层。使用调整图层来调整图像,在后期修改的时候会更方便,因为它属于无损坏调整处理。如果使用"调整"组中的命令对图像进行调整,后期将无法还原之前的效果。

04 在工具箱中选择"油漆桶工具"◐,然后在选项栏上设置模式为图案,并在"图案"拾色器面板中找到一个方格子的图案效果,接着新建一个空白图层,再使用"油漆桶工具"◐填充图案,如图5-111和图5-112所示。

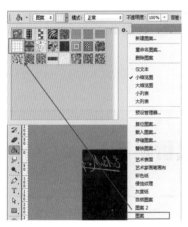

图5-111 图案的设置

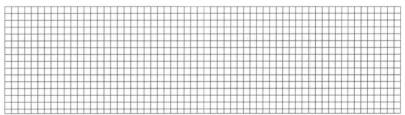

图5-112 图案的填充效果

05 执行"图像>调整>反相"菜单命令,在图层面板中设置图层"混合模式"为"正片叠底",并设置图层的"不透明度"为30%,调整后的效果如图5-113所示。

图5-113 调整后的效果

06 将"CH05>5.3.3"文件夹中的"产品.png"素材导入,然后调整两个模特的位置,如图5-114所示。

图5-114 导入"产品"素材

07 在工具箱中选择"矩形工具" ▣，然后在选项栏上设置模式为形状，并设置填充颜色为蓝色，接着在右边创建出一个长方形，将"不透明度"设置为90%，再放到模特的后面，效果如图5-115所示。

图5-115 创建矩形

08 使用"横排文字工具" T 在矩形上面创建文字"大牌童装优惠节"，并将文字设置为黑色，然后调整文字的大小，接着将英文SJAIODSJIAOD也创建出来，再选用一个合适的颜色，如图5-116和图5-117所示。

图5-116 创建"大牌童装优惠节"文字

图5-117 创建英文SJAIODSJIAOD

09 在工具箱中选择"矩形工具" ▣ 并创建一个深色的矩形，然后使用"横排文字工具" T 输入文字"风靡网络童装"，并设置文字为白色，如图5-118和图5-119所示。

图5-118 创建矩形

图5-119 创建"风靡网络童装"文字

10 将"全场满199元减60元"促销文案信息创建进来，然后调整文案的大小，效果如图5-120所示。

> **☼ TIPS**
>
> 在对文字进行排版时，要注意其大小对比、颜色对比和样式对比。要有重点文字内容，也要有介绍说明性文字内容，还要有装饰效果的文字内容等。

图5-120 创建"全场满199元减60元"文案信息

11 因为海报中有两个模特，那么就可以展示两件衣服的效果，所以要制作价钱标签。将左边模特"精致学员风小西装"的效果设计出来，选择工具箱中的"椭圆工具" ◯ 并创建一个正圆，然后设置白色描边为1像素，接着使用"横排文字工具" T 在正圆上面创建"+"符号，最后把衣服的价钱"¥198"也创建出来，如图5-121~图5-124所示。

图5-121 创建"精致学员风小西装"文字

图5-122 创建正圆

图5-123 创建"+"符号

13 新建一个空白图层,然后选择工具箱中的"多边形套索工具" 🗹 绘制一个三角形效果,并将前景色设置为白色,接着进行填充操作,再执行"滤镜>模糊>动感模糊"菜单命令,最后设置动感模糊的"角度"为30°、"距离"为140像素,如图5-126~图5-129所示。

图5-124 创建衣服价钱

12 用同样的方法,把右边"精明学生装长T恤""¥129"等内容制作出来,效果如图5-125所示。

图5-126 绘制三角形效果

图5-125 右边制作后的效果

图5-127 将三角形填充为白色

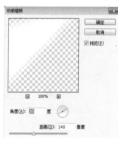

图5-128 设置参数

14 把创建出来的三角形效果放到画面的右下角,然后复制一个三角形效果,将其放到画面的左边,最终效果如图5-130所示。

图5-129 "动感模糊"效果

图5-130 最终效果

小结

在制作海报的过程中,如果背景是实拍图,后期一定要进行调色处理,不能让背景图抢了主图的风头。在对文案内容进行排版时,可以多找些参考图,当然平时也要多加练习和总结。

5.3.4 中秋节海报的设计

● 视频名称：5.3.4 中秋节海报的设计　　● 实例位置：实例文件 >CH05>5.3.4
● 素材位置：素材文件 >CH05>5.3.4

　　本节将主要讲解中秋节全屏促销海报的制作。在制作的过程中，需要创建背景、月亮效果、文字效果等。海报最终效果如图5-131所示。

图5-131 中秋节海报效果

01 新建文件并命名为"中秋节海报设计制作"，然后设置宽度为1920像素、高度为520像素、分辨率为72像素/英寸，如图5-132所示。

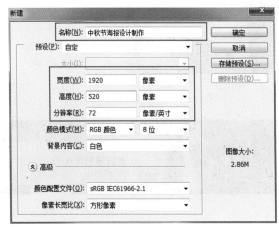

图5-132 新建文件

02 执行"视图>新建参考线"菜单命令，在弹出的"新建参考线"对话框中设置"取向"为"垂直"、"位置"为485，然后单击"确定"按钮完成操作，并重复上一步的操作。此时，文件中已经创建出两条参考线，接下来要创建的重要产品展示内容或文案促销信息，尽量保证在两条参考线内完成，如图5-133~图5-135所示。

图5-133 "位置"为485

图5-134 "位置"为1435

图5-135 新建两条参考线效果

03 选择工具箱中的"渐变工具" ，然后在选项栏中单击"径向渐变"按钮 ，并单击"渐变拾色器"，设置相应的颜色参数，对背景色拉一个渐变效果，如图5-136和图5-137所示。

图5-136 在"渐变编辑器"中设置渐变颜色参数

图5-137 背景的渐变效果

04 将"CH05>5.3.4"文件夹中的"牡丹.psd"素材导入，并调整其大小和位置，然后将图层的"混合模式"设置为"叠加"，将"不透明度"设置为30%，接着用同样的方法创建出右下角的效果，如图5-138~图5-140所示。

92

图5-138 导入素材并调整大小和位置

图5-139 调整图层模式和不透明度

图5-140 牡丹素材调整的最终效果

05 新建一个800像素×800像素的正方形文档，然后创建一个空白图层，并填充黑色，接着执行"滤镜>渲染>分层云彩"菜单命令，再执行"滤镜>模糊>高斯模糊"菜单命令，并设置"半径"为7.0像素，如图5-141和图5-142所示。

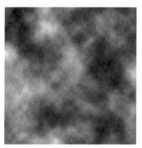

图5-141 "分层云彩"效果   图5-142 "高斯模糊"效果

06 使用工具箱中的"椭圆选框工具" 创建圆形选框，如此反选操作，然后删除选框内容，形成一个圆形，效果如图5-143所示。

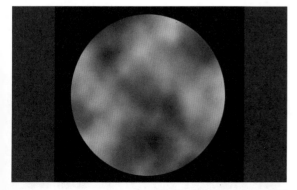

图5-143 删除选框内容形成圆形

07 为月亮添加"图层样式"，分别对"外发光""内发光""颜色叠加"的参数进行设置，如图5-144~图5-147所示。

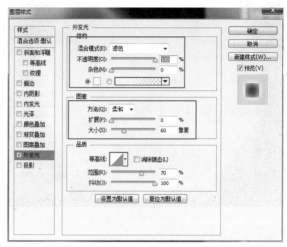

图5-144 设置"外发光"的参数

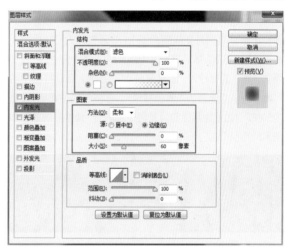

图5-145 设置"内发光"的参数

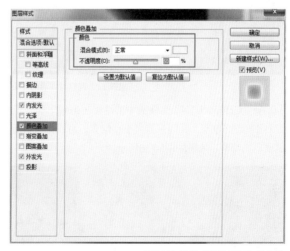

图5-146 设置"颜色叠加"的参数

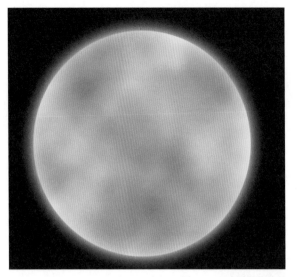

图5-147 月亮的最终效果

TIPS

TIPS

　　制作月亮的时候用到了"外发光""内发光""颜色叠加"效果，如果有现成的月亮素材直接使用即可。

08 把创建好的月亮放到画面中，并调整其大小和位置，如图5-148所示，然后将"CH05>5.3.4"文件夹中的"月亮叠加.jpg"素材导入，创建剪贴图层蒙版，接着将图层的"混合模式"设置为"颜色减淡"，再将"不透明度"设置为50%，目的是让月亮和背景层更加融合，调整后的效果如图5-149所示。

图5-148 调整月亮的大小和位置

图5-149 调整月亮后的效果

09 将"CH05>5.3.4"文件夹中的"星星.png"和"花瓣.psd"素材导入，并调整其大小和位置，可以根据实际需要自由调整，效果如图5-150所示。

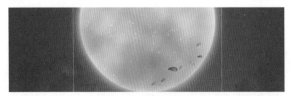

图5-150 调整"星星"和"花瓣"素材的效果

TIPS

　　画面的整个颜色偏向于红色，所以可以将月亮调整为稍微偏红的颜色，这样能与画面很好地融合。

10 导入"CH05>5.3.4"文件夹中的"仙女.psd"素材，并调整其大小和位置，然后添加图层蒙版，接着选择"画笔工具"进行涂抹，再将前景色设置为黑色，效果如图5-151所示。

图5-151 创建仙女效果

11 导入"CH05>5.3.4"文件夹中的"光效.psd"素材，并调整其大小和位置，然后设置图层的"混合模式"为"滤色"，这样黑色就会被屏蔽掉，从而出现光效的效果，如图5-152和图5-153所示。

图5-152 导入"光效"素材

图5-153 光效的效果

12 制作好背景和月亮之后，开始对文案内容进行处理。导入"CH05>5.3.4"文件夹中的"中秋佳节书法字体.png"素材，并调整其大小和位置，然后导入"CH05>5.3.4"文件夹中的"渐变效果.jpg"素材，再执行"图层>创建剪贴蒙版"菜单命令，如图5-154~图5-156所示。

图5-154 调整书法字体的大小和位置

图5-155 导入"渐变效果.jpg"素材

图5-156 创建剪贴蒙版的效果

获取书法字体的方法有3种:第一种是可以使用计算机系统中经过授权的书法字体;第二种是把自己需要的文字手写出来,并拍成照片进行抠图处理;第三种是使用画笔笔刷效果进行制作,直接在Photoshop软件中用鼠标绘制即可。

13 对"中秋佳节书法字体"图层添加图层样式,对"外发光"的参数进行设置,如图5-157和图5-158所示。

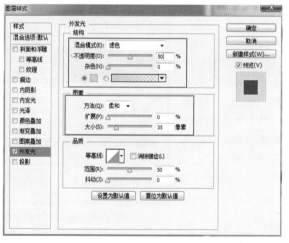

图5-157 添加"外发光"的图层样式

图5-158 添加"外发光"的最终效果

14 用同样的方法,把"花好月圆夜 全店优惠进行时"文案信息创建出来,效果如图5-159所示。

图5-159 创建"花好月圆夜 全店优惠进行时"方案信息

15 选择工具箱中的"圆角矩形工具" ▢ ,并设置"半径"为30像素,然后绘制一个圆角矩形,接着对圆角矩形添加"投影"的图层样式,再导入"CH05>5.3.4"文件夹中的"月亮叠加.jpg"素材,并调整其大小和位置,创建剪贴蒙版,最后创建"满200送200"文字,注意把数字信息调整得大一点,如图5-160~图5-162所示。

图5-160 绘制圆角矩形

图5-161 创建剪贴蒙版效果

图5-162 调整文字后的效果

16 通过上面一系列的操作,最终效果如图5-163所示。

图5-163 最终效果

● 视频名称：5.3.5 春季新品海报的设计　● 实例位置：实例文件 >CH05>5.3.5

● 素材位置：素材文件 >CH05>5.3.5

　　本节将主要讲解春季新品全屏促销海报的设计。在制作的过程中，需要创建背景、进行修图处理、创建文案和添加装饰点缀叶子等。海报最终效果如图5-164所示。

图5-164 海报最终效果

01 新建文件，并设置"宽度"为1920像素、"高度"为600像素、"分辨率"为72像素/英寸，如图5-165所示。

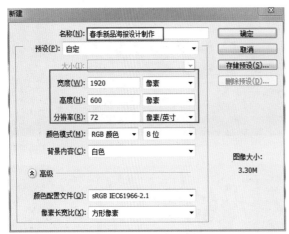

图5-165 新建文件

02 执行"视图>新建参考线"菜单命令，然后在弹出的"新建参考线"对话框中进行参数的设置，接着重复上一步操作。此时文件中已经创建出两条参考线，如图5-166~图5-168所示。

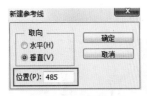

图5-166 "位置"为485

图5-167 "位置"为1435

图5-168 新建两条参考线效果

03 选择工具箱中的"渐变工具" ，然后在选项栏中单击"径向渐变"按钮 ，并单击"渐变拾色器"，设置相应的颜色参数，对背景进行渐变操作，如图5-169和图5-170所示。

图5-169 设置渐变颜色的参数

图5-170 背景的渐变效果

04 选择工具箱中的"加深工具" ，并在选项栏中设置画笔的"大小"为500、"范围"为"中间调"、"曝光度"为10%，然后在背景上方进行绘制，效果如图5-171所示。

图5-171 加深操作后的效果

💡 TIPS

　　使用"画笔工具" ✏ 也可以制作渐变效果,先设置颜色为深色,然后进行绘制,再修改图层的"不透明度"即可。不过,用"加深工具" 👆 或者"减淡工具" 🔍 也可以制作出同样的效果。

05 导入"CH05>5.3.5"文件夹中的"叶子1.png"素材,并调整其大小和位置,然后执行"图像>调整>曲线"菜单命令,调整叶子的亮度,如图5-172~图5-174所示。

图5-172 导入"叶子1"素材

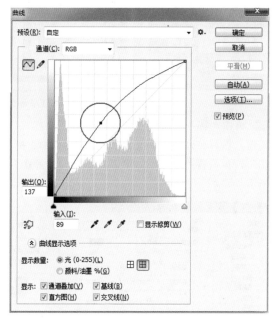

图5-173 调整"曲线"

图5-174 调整后的效果

06 使用工具箱中的"横排文字工具" T 将文案信息创建进来,然后在"字符"面板中对字体的大小、颜色和间距等参数进行调整,如图5-175和图5-176所示。

图5-175 "字符"面板

图5-176 创建的文字效果

07 选择工具箱中的"矩形工具" ▭,然后在选项栏中设置"填充"为白色,并创建一个矩形,接着使用"横排文字工具" T 把"最初邂逅 最美遇见"文案信息创建进来,并调整其大小和位置,用同样的方法把"每周一/周五上新"文案信息也创建进来,如图5-177~图5-179所示。

图5-177 创建白色的矩形

图5-178 创建"最初邂逅 最美遇见"方案信息

图5-179 创建"每周一/周五上新"文案信息

08 选择工具箱中的"矩形工具" ▭ ，然后在选项栏中设置"描边"为白色、"大小"为30点，并在画布中创建一个矩形，用同样的方法创建出其他两个矩形，如图5-180和图5-181所示。

图5-180 创建矩形

图5-181 创建矩形后的效果

-Ò- TIPS

先创建一个矩形，然后对矩形进行等比例缩放，就可表现出非常强烈的视觉效果。

09 导入"CH05>5.3.5"文件夹中的"裙子.png"素材，并调整其大小和位置，然后执行"滤镜>锐化>USM锐化"菜单命令，并调整相应的参数，再执行"图层>新建调整图层>曲线"菜单命令，创建剪贴图层蒙版，最后对创建的曲线进行调整，如图5-182~图5-185所示。

图5-182 调整"裙子"的大小和位置

图5-183 "USM锐化"处理　　图5-184 调整"曲线"

图5-185 调整后的效果

-Ò- TIPS

对图像进行"USM锐化"处理，是为了让图片的边缘更加清晰、更有质感。不过需要注意的是，不能将参数设置得过大，否则锐化出来的效果会不好看。

10 选择工具箱中的"画笔工具" ✎ ，然后设置前景色为黑色，并设置画笔的"不透明度"为30%，在曲线调整层蒙版上对模特手臂过曝的位置进行压暗处理，如图5-186所示。

图5-186 模特手臂过曝位置压暗处理效果

11 单击"图层"面板下方的"添加图层样式" fx. 按钮，然后在弹出的"图层样式"对话框中选择"投影"，再设置"投影"的参数，如图5-187和图5-188所示。

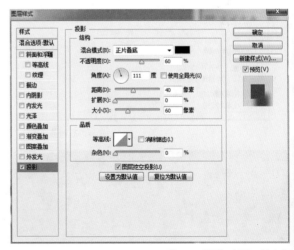

图5-187 设置"投影"的参数

图5-188 添加"投影"后的效果

12 导入"CH05>5.3.5"文件夹中的"叶子1.png"素材,并调整其大小和位置,然后执行"滤镜>模糊>动感模糊"菜单命令,对叶子进行处理,再用同样的方法创建出其他位置的叶子,如图5-189~图5-191所示。

图5-189 调整叶子素材的大小和位置

图5-190 对叶子进行"动感模糊"处理

图5-191 调整后的效果

13 导入"CH05>5.3.5"文件夹中的"叶子飞溅.png"素材,然后在"图层"面板下方单击"创建新组" 📁 按钮,调整叶子的位置和大小,如图5-192所示。

图5-192 调整叶子后的效果

14 使用组合快捷键Ctrl+Shift+Alt+E盖印并生成一个新的图层,然后对整个画面进行润色处理,最终效果如图5-193所示。

图5-193 最终效果

小结

春季新品海报的颜色以绿色为主,为了烘托画面气氛,添加了一些叶子,这样制作出来的效果会更有空间感。文案信息在左边,产品内容在右边,排版也相对比较稳重。

5.3.6 冬装新品海报的设计

● 视频名称:5.3.6 冬装新品海报的设计　●实例位置:实例文件 >CH05>5.3.6
● 素材位置:素材文件 >CH05>5.3.6

本节将主要讲解冬装新品海报的设计。在设计的过程中,会涉及背景的制作、装饰素材的制作、文案的排版和模特的抠图处理。
海报最终效果如图5-194所示。

图5-194 海报最终效果

01 新建文件并命名为"冬装新品首发海报设计制作",然后设置"宽度"为1920像素、"高度"为600像素、"分辨率"为72像素/英寸,如图5-195所示。

图5-195 新建文件

99

02 执行"视图>新建参考线"菜单命令，创建两条参考线，如图5-196~图5-198所示。

图5-196 "位置"为485　　图5-197 "位置"为1435

图5-198 新建两条参考线效果

03 新建图层并双击，在弹出的"图层样式"对话框中选择"渐变叠加"，再设置相应的参数，如图5-199~图5-202所示。

图5-199 设置"渐变叠加"的参数

图5-200 设置渐变的颜色

图5-201 "图层"面板

图5-202 最终效果

·☆· TIPS ·
　　制作渐变效果一般有两种方式：一种是直接使用"图层样式"中的"渐变叠加"效果；另一种是使用调整图层里面的"渐变"效果。不过，具体哪种方法更好没有定论，毕竟最终看的是设计出来的作品。

04 导入"CH05>5.3.6"文件夹中的"模特.jpg"素材，然后选择工具箱中的"快速选择工具" ，并在选项栏中进行参数的设置，接着在模特衣服的位置创建选区，再单击选项栏中的"添加到选区" 按钮，选取整个模特，如图5-203和图5-204所示。

图5-203 创建选区　　图5-204 选取整个模特

05 创建好整个选区之后，在选项面板中选择"调整边缘"，然后在弹出的"调整边缘"对话框中设置"边缘检测"和"调整边缘"的参数，将"输出到"设置为"新建带有图层蒙版的图层"，再单击"确定"按钮，完成对模特的抠图操作，效果如图5-206所示。

图5-205 设置"调整边缘"的参数

图5-206 对模特抠图后的效果

06 将抠图后的模特素材创建到文件中，并调整其大小和位置，然后使用"曲线"调整命令对模特图层进行提亮处理，如图5-207和图5-208所示。

图5-207 调整模特的大小和位置

图5-208 调整图像的亮度

07 选择工具箱中的"多边形工具" ⊙，并在选项栏中设置"描边"为红色、"大小"为5点、"边"为3，然后创建一个三角形，用同样的方法创建出另一个三角形，如图5-209和图5-210所示。

图5-209 创建三角形

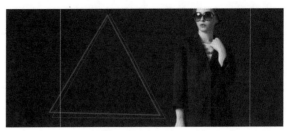
图5-210 创建另一个三角形

08 为了不让画面显得过于单调和乏味，可以创建图层蒙版。使用"画笔工具" ✎ 对三角形的部分内容进行屏蔽处理，然后用同样的方法进行操作。此时会发现，原本是两个普通叠加在一起的三角形，经过简单处理后整个画面效果就出来了，如图5-211和图5-212所示。

图5-211 创建图层蒙版屏蔽部分信息

图5-212 屏蔽后的效果

> **☼ TIPS**
>
> Photoshop软件中的工具是固定的，我们可以结合使用这些工具创建出各种各样的图案效果。在设计的过程中，创意很重要。

09 选择工具箱中的"多边形工具" ⊙，并在选项栏中设置"填充"为红色、"边"为3，然后创建一个三角形，用同样的方法创建出多个三角形，如图5-213和图5-214所示。

图5-213 填充三角形

图5-214 创建多个三角形的效果

10 将主标题文案创建进来，并在"字符"面板中调整字体的大小和颜色，然后把"NEW 百款冬装"文字创建进来，再使用"矩形工具"▭创建文字的背景效果，最后把活动描述解释说明文字"立即抢购"等创建进来，如图5-215~图5-217所示。

图5-215 新品首发效果

图5-216 NEW百款冬装效果

图5-217 活动描述文字效果

11 用同样的方法把右侧的副标题文案也创建进来，整个海报的效果就制作好了，如图5-218所示。

图5-218 全网首发聚焦新品效果

12 通过上面一系列的操作，海报就制作完成了。在向顾客交稿或者是进行预览的时候，为了让图片更加美观，往往会在后期添加一个场景效果。海报最终效果如图5-219所示。

图5-219 海报最终效果

5.4 全屏海报的上传与装修

本节将详细讲解如何把全屏海报上传到店铺中。

01 登录淘宝装修后台，然后进入"图片空间"，将制作好的全屏海报图上传到"图片空间"，如图5-220所示。

图5-220 上传图片

02 打开淘宝首页，并点击右上角的"卖家中心"，然后在左侧的"店铺管理"中点击"店铺装修"进入页面管理，接着选择"PC端"，再点击"首页装修"，如图5-221所示。

图5-221 首页装修页面

03 在"布局管理"中选择"添加布局单元"，就可以把1920像素全屏宽图或全屏轮播图模块添加进来，如图5-222所示。

图5-222 添加全屏宽图模块

04 进入"页面编辑"页面，单击"编辑"按钮，如图5-223所示。

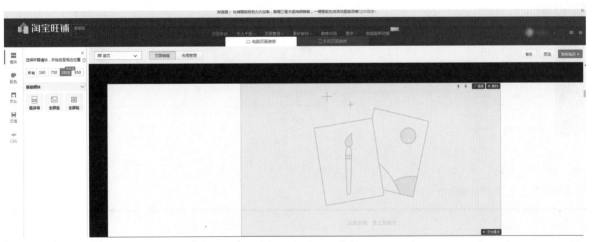

图5-223 单击"编辑"按钮

05 在"全屏宽图"模块中，会有小贴士提醒，如图5-224所示。点击图片地址，选中制作好的海报图，再选中海报指定的链接，如图5-225所示。

图5-224 全屏宽图编辑 图5-225 添加图片和链接地址

06 制作好的全屏宽图海报，最终效果如图5-226所示。

图5-226 最终效果

> :bulb: TIPS
>
> 智能版旺铺提供的全屏宽图和全屏轮播海报，宽度为1920像素，高度不超过540像素，在选择图片的时候，系统会提供图片剪裁功能。要注意的是，考虑到卖家端不同的屏幕尺寸，请尽量将核心内容放在图片居中的区间内。

07 如果不是智能旺铺版本，也可以使用CSS代码完成全屏海报的装修操作。在布局管理中，添加自定义区，如图5-227所示。

图5-227 添加自定义区

08 在"页面编辑"中，单击"编辑"按钮，进入自定义内容区，然后复制代码并粘贴进去，注意需要把原来的代码地址替换成店铺里的海报地址，如图5-228所示。

图5-228 页面编辑

09 回到淘宝"图片空间",然后复制图片的地址,接着在自定义内容区粘贴刚才复制的图片地址,同时也对图片链接的商品地址进行更换,确定之后,点击右上角的预览效果,如图5-229~图5-231所示。

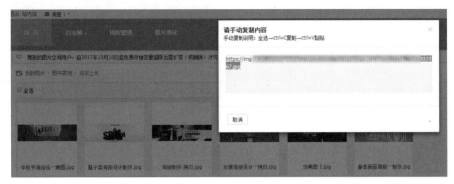

图5-229 复制图片地址

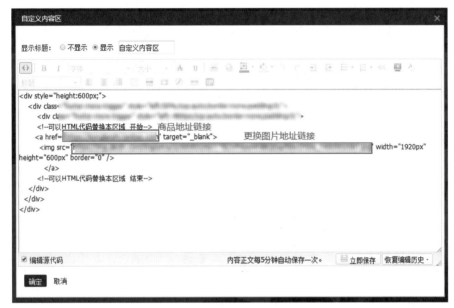

图5-230 添加图片地址和链接地址

图5-231 预览效果

5.5 课后作业

● 素材位置：素材文件 > CH05 > 5.5

根据自己的学习情况，独立完整地制作一个店铺全屏海报。

把制作好的全屏海报效果图正确地上传到店铺首页中。

根据提供的素材和文件，自己制作一个"早春热销女装海报"，参考效果如图5-232所示。

图5-232 早春热销女装海报

根据提供的素材和文件，自己制作一个"春节活动海报"，参考效果如图5-233所示。

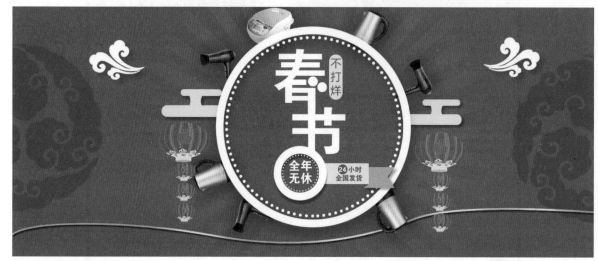

图5-233 春节活动海报

在业余时间，搜集100~200个优秀的全屏海报图，并分析其优点。

第**6**章

Banner海报设计
与产品修图

　　Banner海报设计与产品修图是设计中的两大重点内容。不论是在实体店铺，还是在淘宝店铺，都会用到Banner海报，其尺寸大小需要根据具体情况而定。产品修图的运用更为广泛，大多数商品都需要进行后期修图处理，以便增强产品的视觉效果。

学习要点

掌握Banner海报设计的技巧

掌握产品后期修图的技巧

6.1 Banner海报设计实例

本节将以"双十二"手机促销海报、书包首屏海报、彩妆面膜海报和自行车海报为例,讲解Banner海报设计的方法,读者可以跟着操作步骤认真学习。

6.1.1 "双十二"手机促销海报的设计

● 视频名称:6.1.1 "双十二"手机促销海报的设计　　● 实例位置:实例文件 >CH06>6.1.1
● 素材位置:素材文件 >CH06>6.1.1

图6-1所示为"双十二"手机促销海报。本案例的制作比较简单,只需几步就可以完成。图中主要展示的是活动信息内容,"手机狂欢"这一主标题占据了整个画面的二分之一,产品本身则没有占据太多的空间。在制作推广图的时候,需要考虑活动的具体内容,如销售单品、店铺引流和活动预告等。

图6-1 "双十二"手机促销海报

01 导入"CH06>6.1.1"文件夹中的"手机.jpg"素材,然后使用工具箱中的"钢笔工具"进行抠图,保留两个手机对象,如图6-2所示。

图6-2 抠图效果

> ☼ TIPS
>
> 对电子类产品进行抠图时,建议使用"钢笔工具",不建议使用"快速选择工具"和"魔棒工具",否则抠出来的效果会不理想。

02 新建文件并命名为"手机狂欢设计",然后设置"宽度"为800像素、"高度"为600像素、"分辨率"为72像素/英寸,如图6-3所示。

图6-3 新建文件

03 选择工具箱中的"油漆桶工具",然后将前景色设置为(R:252,G:51,B:66),再填充颜色,效果如图6-4所示。

图6-4 填充前景色

04 导入"CH06>6.1.1"文件夹中的"几何图形.jpg"素材，并调整其大小和位置，然后设置图层的"混合模式"为"叠加"、"不透明"为60%，如图6-5和图6-6所示。

销活动文案创建进来，并调整文字的颜色和大小，再把"12.12年终盛宴"创建进来，将排版格式放到文案顶部，根据文字大小将背景的边框删除一小段，如图6-10~图6-12所示。

图6-5 导入"几何图形"素材　　　图6-6 调整后的效果

05 把抠好的手机素材拖进来，然后使用工具箱中的"移动工具" ➡ 将其移动到画面的右边，并调整大小，效果如图6-7所示。

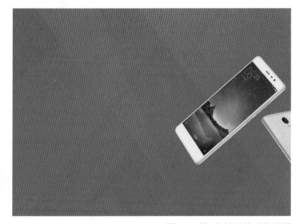

图6-7 手机素材调整后的效果

06 选择工具箱中的"矩形工具" □，然后在选项栏中设置"模式"为"形状"、"描边"为白色、"大小"为6点，接着在画面中创建一个矩形，再把活动主题"手机狂欢"创建进来，并调整其大小和位置，如图6-8和图6-9所示。主题一般会使用加粗的黑体，这样显得醒目，能引人注意。

图6-8 创建矩形效果　　　图6-9 创建文字效果

07 选择工具箱中的"矩形工具" □，并设置"填充"为黄色，然后创建一个矩形，把创建好的矩形的颜色修改为绿色，并调整矩形的大小和位置，接着把促

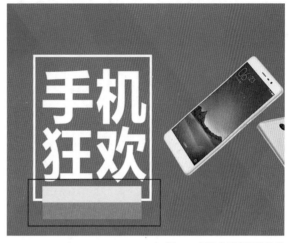

图6-10 创建并填充矩形效果

图6-11 创建文案效果

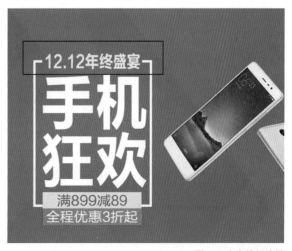

图6-12 文案排版效果

08 导入"CH06>6.1.1"文件夹中的"双十二官方Logo.psd"素材，将其放到促销图的左上角，如图6-13所示。

图6-13 导入"双十二官方Logo"素材

09 导入"CH06>6.1.1"文件夹中的"光效1.jpg"素材，然后单击"图层"面板下方的"添加图层样式"按钮 *fx.*，并在"混合颜色带"上选择"本图层"，再配合Alt键拖动滑块进行分离操作，为手机产品制作一些炫丽的光效，如图6-14和图6-15所示。这时会发现，使用图层混合模式进行调整可以完美地把光效素材的黑色背景屏蔽掉，如图6-16所示。

图6-14 导入"光效"素材

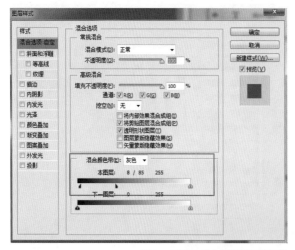

图6-15 设置"混合颜色带"的参数

图6-16 屏蔽黑色背景效果

10 将光效图层的"混合模式"设置为"滤色"，然后使用组合快捷键Ctrl+T结合"自由变换"命令将光效素材移动到手机产品的旁边，效果如图6-17所示。

图6-17 制作手机光效效果

11 经过以上操作，整个"双十二"手机促销海报就设计完成了。为了烘托活动气氛，在后期制作的时候往往会添加一些光效，最终效果如图6-18所示。

图6-18 "双十二"手机促销海报的最终效果

☑ 小结

制作活动促销主题类海报时，可以放大促销文案信息内容，让消费者一眼就能看到是什么活动、会有哪些优惠。

6.1.2 书包首屏海报的设计

● 视频名称：6.1.2 书包首屏海报的设计　　● 实例位置：实例文件 >CH06>6.1.2

● 素材位置：素材文件 >CH06>6.1.2

本节将主要讲解书包首屏海报的设计。图6-19所示为效果图，图6-20所示为产品图。对比这两张图不难发现，在产品图上添加文案介绍说明和背景，从极大程度上增强了商品的美观性。本案例的设计重点在于背景及光效的制作和文案信息的排版。

图6-19 海报设计效果

图6-20 产品图效果

01 导入"CH06>6.1.2"文件夹中的"产品.jpg"素材，并对产品进行抠图处理。选择"钢笔工具" ，然后在选项栏上选择"路径"，接着为书包轮廓创建一个闭合路径，如图6-22所示。

图6-21 导入"产品"素材

图6-22 创建路径

02 执行"窗口>路径"菜单命令，调出"路径"面板，然后单击"路径"面板下方的"将路径作为选区载入" 按钮，接着执行"编辑>拷贝"菜单命令，再执行"编辑>粘贴"菜单命令，此时书包就被抠出来了，如图6-23和图6-24所示。

图6-23 将路径作为选区载入

图6-24 抠图后的效果

TIPS

使用"钢笔工具" 创建路径之后，也可以使用组合快捷键Ctrl+Enter直接将路径转换为选区。

03 新建文件，然后设置"宽度"为800像素、"高度"为1150像素、"分辨率"为72像素/英寸，如图6-25所示。

04 将前景色的颜色设置为（R:150, G:100, B:40），然后使用工具箱中的"油漆桶工具" 进行填充，如图6-26所示。

图6-25 新建文件

图6-26 填充前景色

05 使用"画笔工具" ✐ 制作渐变的背景效果，并设置画笔的"大小"为1000像素、"硬度"为1%，如图6-27所示。

06 新建一个空白图层，并命名为"画笔1"，然后重新设置前景色为黄色、"不透明度"为80%、"流量"为50%，接着在画布中单击鼠标左键创建出渐变背景并进行处理，效果如图6-28所示。

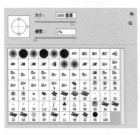

图6-27 设置画笔的参数　　图6-28 制作渐变背景

☀ TIPS

制作渐变的背景效果，可以直接使用"渐变工具" ▣ ，也可以使用"画笔工具" ✐ ，还可以使用"减淡工具" ◕ 和"加深工具" ✋ 。

07 在制作渐变背景的时候，往往会创建多个画笔图层，这时需要配合图层的"不透明度"等调整画笔的"大小"，如图6-29所示。

图6-29 创建画笔图层

08 把抠好的书包素材导入，并调整其大小和位置，然后对边缘进行锐化处理，让产品细节更明显，效果如图6-30所示。

09 在前期的抠图过程中，如果产品图的边缘太暗或太亮，会影响整个环境，此时可以通过"画笔工具" ✐ 进一步地修饰处理，如图6-31所示。

图6-30 导入"书包"素材　　图6-31 锐化产品的边缘

10 复制一个书包图层，然后执行"图像>调整>色阶"菜单命令，在弹出的"色阶"对话框中对参数进行设置，接着执行"滤镜>模糊>高斯模糊"菜单命令，将"半径"设置为20像素，再使用组合快捷键Ctrl+T结合"自由变换"命令，对投影进行变形处理，并将"不透明度"设置为80%，效果如图6-32~图6-34所示。如果觉得只有一个投影没层次感，可以再复制一个，然后调整其大小和位置等，最终效果如图6-35所示。

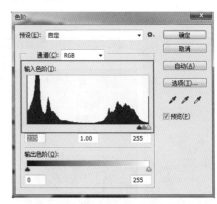

图6-32 设置"色阶"的参数

图6-33 处理投影效果　　图6-34 调整投影效果

图6-35 投影的最终效果

11 单击"图层"面板下方的"创建一个新的填充或调整层"按钮 ◉，选择"色相/饱和度"调整层，然后在弹出的"属性"面板中进行参数的设置，接着选择"亮度/对比度"调整层，并在弹出的"属性"面板中进行参数的设置。通过调整，整个书包的颜色更加饱满，对比也更加清晰，如图6-36~图6-38所示。

图6-36 "色相/饱和度"的调整

图6-37 "亮度/对比度"的调整

图6-38 书包调色后的效果

12 使用工具箱中的"钢笔工具" ✐ 围绕书包中间的位置创建一条弧线并进行描边处理，接着对弧线的两端进行渐隐涂抹处理，并形成一条由浅到深的弧线，创建的第一条弧线的效果如图6-39所示。复制几条弧线，并适当地进行调整，效果如图6-40所示。

图6-39 创建的第一条弧线的效果

图6-40 创建出多条弧线的效果

13 对弧线进行模糊处理，这样叠加起来就会有很好的层次感。多复制几条弧线，然后对所有弧线进行合并及模糊处理，如图6-41和图6-42所示。

图6-41 对弧线进行模糊处理

图6-42 弧线叠加在一起的效果

14 选择工具箱中的"画笔工具" ✐，并在书包上绘制一个圆，然后单击圆所在的图层，将圆"转换为智能对象"，接着执行"编辑>变换>变形"菜单命令，对圆进行变形处理，再用同样的方法制作出其他两个弧形，效果如图6-43~图6-46所示。

图6-43 绘制一个圆

图6-44 对圆进行变形处理

图6-45 变形后的效果　　图6-46 光效的效果

15 在制作光效的时候，不用担心光效是什么颜色，只要把形状和结构制作出来，再通过"色相/饱和度"命令进行调整，就可以将其改变为想要的颜色，也可以使用"渐变工具" ▣ 制作出彩色光效，如图6-47所示。

图6-47 通过"色相/饱和度"调整后的光效效果

☼ TIPS

　　在本案例中，光效的制作是重点内容，大家可以使用"画笔工具" ✐ 进行绘制，然后将其转换为智能对象图层，再结合"自由变换"命令进行调整。

16 使用工具箱中的"横排文字工具" T 输入"小天才书包"文案信息,并调整其位置和大小,效果如图6-48所示。

17 用同样的方法把书包底部介绍文案的信息也创建进来,并居中对齐,排版效果如图6-49所示。

图6-48 创建文字信息

图6-49 文字的排版效果

18 经过上面一系列的操作,整个书包海报就设计好了。美工设计人员可以根据具体情况对整个画面进行调色处理,最终效果如图6-50所示。

图6-50 书包首屏海报的最终效果

✅ 小结

书包海报的制作,主要是在烘托环境气氛上下功夫,本案例是使用"画笔工具" ✏ 和"自由变换"命令操作完成的。

6.1.3 面膜海报的设计

● 视频名称:6.1.3 面膜海报的设计　　● 实例位置:实例文件 >CH06>6.1.3
● 素材位置:素材文件 >CH06>6.1.3

本节将讲解面膜海报的设计。在制作海报之前,要先设计出单个包装效果,如图6-51所示。面膜通报的最终效果如图6-52所示。

图6-51 单个包装效果

图6-52 最终海报效果

01 新建文件，然后创建一个组并命名为"包装"，接着使用工具箱中的"矩形选框工具" 创建一个矩形选框，并在选项栏中单击"从选区中减去"按钮 ，再使用"椭圆选框工具" 在左上方创建一个椭圆作为面膜包装袋的开口，如图6-53~图6-55所示。

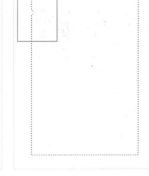

图6-53 创建组　　　　　图6-54 创建矩形选框　　　　　图6-55 创建椭圆

02 单击"图层"面板底部的"添加矢量蒙版"按钮 ，然后创建一个图层蒙版，如图6-56所示。创建好图层蒙版之后，就可以在包装图层组中创建任何对象，且显示的内容不会超出蒙版所选的区域。

图6-56 创建图层蒙版

> **TIPS**
>
> 将图层蒙版添加到图层组之后，图层组中所有内容都会受到影响。图层蒙版中，黑色代表的是不显示的内容，白色代表的是显示的内容。

03 将前景色设置为（R:37；G:37；B:40），并创建一个空白图层，然后填充颜色，如图6-57所示。

04 背景不能过于单调，所以可使用"画笔工具" 绘制一个过渡效果，然后将图层的"不透明度"设置为80%，再把背景显示出来，如图6-58和图6-59所示。

图6-57 创建面膜包装的背景　　　　图6-58 绘制过渡效果　　　　图6-59 背景效果

05 选择工具箱中的"矩形工具" ，创建一个矩形，对形状进行颜色填充和描边处理，再对图层添加蒙版，如图6-60所示。接着用"画笔工具" 制作一个图6-61所示过渡效果。如果效果不太明显，可以用"画笔工具" 创建出右边边框的过渡效果，如图6-62所示。如果效果还是不明显，可以再次创建过渡效果，如图6-63所示。

图6-60 创建矩形 　　图6-61 制作过渡效果 　　图6-62 创建右边边框过渡效果 　　图6-63 再次创建右边边框过渡效果

- ☼ TIPS

在设计黑色包装的时候，要注意很多细节内容，而不能直接填充黑色。

06 导入"CH06>6.1.3"文件夹中的"水波1.psd"素材，并调整其大小和位置，然后使用"色相/饱和度"命令对素材进行调色处理，如图6-64和图6-65所示。

- ☼ TIPS

导入素材后，一定要结合背景进行调整，以制作出理想的效果。

图6-64 调整"水波"素材的大小和位置 　　图6-65 调整后的效果

07 将"春意逆龄修护面膜"主题文字创建进来，然后把英文内容也创建进来，并调整其大小和位置，再把Logo信息和规格参数创建进来，最后在"图层样式"中添加一个"投影"效果，如图6-66~图6-69所示。

图6-66 创建主题文字 　　图6-67 创建英文内容 　　图6-68 创建Logo信息和规格参数 　　图6-69 添加投影后的效果

08 使用工具箱中的"渐变工具" ▇制作一个渐变的背景效果,然后导入"CH06>6.1.3"文件夹中的"花朵.jpg"素材,并进行抠图处理,接着复制花朵素材,对其进行镜像处理,再调整其大小和位置,最后使用"画笔工具" ✎对花朵素材的背景进行处理,让花朵产生一种过渡的效果,从而与背景更好地融合,如图6-70~图6-73所示。

图6-70 制作渐变背景效果　　图6-71 对花朵进行抠图处理　　图6-72 调整花朵的效果　　图6-73 调整背景的效果

09 调出"色相/饱和度"的"属性"面板,对花朵进行调整,如图6-74和图6-75所示。

图6-74 调整"色相/饱和度"参数　　　　　图6-75 调整花朵的效果

10 将制作好的包装放到背景图中,然后多复制几份并调整其位置和大小,如图6-76~图6-78所示。为了让包装显得更有立体感,可以制作出一个倒影的效果,如图6-79所示。

图6-76 调整包装的位置和大小　　图6-77 复制一份包装　　图6-78 复制多份包装　　6-79 制作倒影的效果

11 将文案信息创建进来，最终效果如图6-80所示。

图6-80 面膜海报的最终效果

　　本案例的重点在于单个包装的制作，只要将单个包装制作好，整个海报制作起来就很简单。同时注意在设计一些高端产品的海报图时，要尽量使用深一点的颜色，会显得稳重和大气。

6.1.4 自行车海报的设计

● 视频名称：6.1.4 自行车海报的设计　　● 实例位置：实例文件 >CH06>6.1.4
● 素材位置：素材文件 >CH06>6.1.4

　　通常情况下，摄影师拍摄好产品图之后，后期还需要设计师进行修图处理。图6-81所示自行车是在影棚里拍摄的，为了让画面的效果更好，需要先进行抠图处理，再进行海报设计。

01 导入"CH06>6.1.4"文件夹中的"自行车.jpg"素材，然后选择工具箱中的"钢笔工具" ，在选项栏中设置模式为"路径"，再对自行车的外轮廓创建路径，如图6-82所示。

图6-81 自行车海报效果

图6-82 创建外轮廓路径

02 选择并复制一个背景图层,然后新建一个空白图层,对其填充黑色,再调整图层的顺序,如图6-83所示。这一步的目的是查看抠图后的效果。

图6-83 图层的调整

03 使用"钢笔工具" 对自行车从底座的坐杆处顺着车架到前轮位置创建路径。同时配合Ctrl键和Alt键对锚点和路径进行调整,如图6-84所示。

图6-84 从坐杆处开始创建路径

04 把前轮位置的路径创建出来,然后把后轮位置的路径创建出来,再对路径进行闭合,如图6-85和图6-86所示。

图6-85 创建前轮路径

图6-86 创建后轮路径

05 单击"路径"面板下的"将路径作为选区载入"按钮 ,或者直接使用组合快捷键Ctrl+Enter都可以将路径直接转换为选区,如图6-87所示。

图6-87 将路径转换为选区

06 单击"图层"面板下方的"添加图层蒙版"按钮 ,将选区作为图层蒙版载入,自行车轮廓的抠图效果如图6-88所示。

图6-88 自行车轮廓的抠图效果

TIPS

可以使用"钢笔工具" 对自行车的外轮廓进行抠图处理,让细节更完美。

07 用"钢笔工具" ✒️ 对车架内部和把手位置的多余背景进行抠图处理,如图6-89所示。抠图后的效果如图6-90所示。

图6-89 抠掉多余的背景

图6-90 抠图后的效果

08 使用"快速选择工具" 🖌️ 或"魔棒工具" 🪄 对自行车的前轮和后轮里不要的部分进行抠图处理。先对前轮进行抠图处理,然后在蒙版中把选择的内容填充为黑色,如图6-91和图6-92所示。

图6-91 进行抠图处理

图6-92 抠图后的效果

09 用同样的方法对自行车的后轮进行抠图处理,整个抠图效果如图6-93所示。

图6-93 整个抠图效果

10 完成最基础的抠图之后,还需要处理一些细节,如自行车前轮上面的白色塑料板等,如图6-94所示。

图6-94 处理塑料板等位置的细节

11 选择工具箱中的"仿制图章工具"，然后在
"图层"面板中单击"锁定透明像素"按钮，修图后
的效果如图6-95所示。

图6-95 修图后的效果

☀ TIPS

　　经过以上操作，整个自行车的抠图就完成了。可以将抠
图后的文件存储为PNG格式，以便下次使用。

12 新建文件，然后设置"宽度"为600像素、"高
度"为900像素、"分辨率"为72像素/英寸，如图6-96
所示。

13 将抠好的自行车产品图导入，并调整其位置和大
小，然后把背景设置为黑色，效果如图6-97所示。

图6-96 新建文件　　图6-97 调整自行车的
　　　　　　　　　　　位置、大小并填充背景

14 使用工具箱中的"吸管工具"吸取车架上的绿
色，然后新建一个空白图层，接着选择"画笔工具"，
并设置画笔的"大小"和"硬度"，再绘制一个圆
形，如图6-98所示。使用组合快捷键Ctrl+T结合"自由
变换"命令对圆形进行调整，然后在"图层"面板中
设置圆形的"不透明度"为50%，最后复制一个投影
并进行调整，以体现投影的层次感，如图6-99~图6-101
所示。

图6-98 绘制圆形

图6-99 调整圆形的大小和位置

图6-100 设置圆形的"不透明度"

图6-101 体现投影的层次感

15 导入"CH06>6.1.4"文件夹中的"背景1.jpg"素材，并调整其大小和位置，然后将图层的"混合模式"设置为"正片叠底"、"不透明度"设置为50%，接着添加一个图层蒙版，再使用"画笔工具" ☑进行涂抹，从而使素材更好地叠加到投影中，如图6-102~图6-104所示。

图6-102 调整"背景1"素材的大小和位置

图6-103 设置"混合模式"和"不透明度"

图6-104 素材运用的效果

16 制作出前轮和后轮的投影并进行调整，效果如图6-105所示。

图6-105 车轮的投影效果

17 使用"画笔工具" ☑创建3条垂直的线，然后结合"动感模糊"命令创建出图6-107所示效果。接着进行"高斯模糊"处理，创建出图6-108所示效果。再使用组合快捷键Ctrl+T结合"自由变换"命令调整线条的角度、大小和位置，并设置图层的"不透明度"，如图6-109和图6-110所示。复制出多个不同角度放射性背景的投影，效果如图6-111所示。

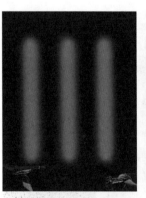

图6-106 创建垂直线　　　　图6-107 "动感模糊"效果

图6-108 "高斯模糊"效果　　图6-109 "自由变换"调整

图6-110 调整角度、大小和位置

图6-111 放射性背景的投影效果

🔆 TIPS

　　光效的添加可以让画面显得有张力，也可以烘托产品的气氛。

18 使用工具箱中的"横排文字工具" T 创建文案信息，并在"字符"面板中设置字体大小、颜色等参数，效果如图6-112所示。用同样的方法创建出其他剩余的文案信息，并调整至合适的大小和位置，如图6-113所示。

图6-112 创建文案信息

炭纤维全新智能自行车超轻车身

现在订购 只需3899

105变速系统 性能配置

图6-113 整个方案效果

19 至此，自行车海报就制作好了，如图6-114所示。

图6-114 自行车海报的最终效果

📋 小结

　　本节内容的重点是自行车的抠图处理和环境气氛的烘托，文字的排版相对比较简单，读者可以跟着操作步骤认真学习。

6.2 产品后期修图实例

本节将主要讲解立体袜子、美丽大长腿、女裤、不锈钢小家电和化妆品的后期修图，读者可以跟着操作步骤进行学习。

6.2.1 袜子后期修图

● 视频名称：6.2.1 袜子后期修图　　● 实例位置：实例文件 >CH06>6.2.1
● 素材位置：素材文件 >CH06>6.2.1

后期修图在设计中非常重要。以袜子为例，为了展现其立体感，往往会先拍摄上脚图，再进行抠图和修图等处理，最后呈现出一个立体感很强的袜子效果，如图6-115所示。

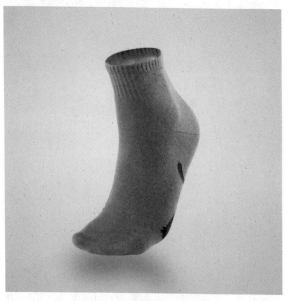

图6-115 袜子的立体效果

01 导入"CH06>6.2.1"文件夹中的"袜子.jpg"素材，然后
选择工具箱中的"钢笔工具" ，并在选项栏中将模式设置为"路径"，接下来围绕袜子的轮廓创建路径，如图6-116所示。

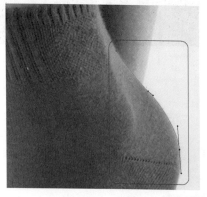

图6-116 创建路径

02 对商品创建路径的时候，可以配合工具箱中的"放大工具" 进行操作，如图6-117所示。

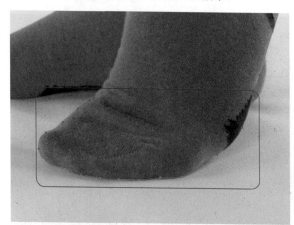

图6-117 调整创建的路径

03 使用"钢笔工具" 围绕袜子的轮廓创建闭合路径，如图6-118所示。

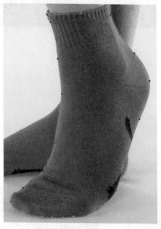

图6-118 创建闭合路径

04 选择"路径"面板上的"工作路径"层，并双击鼠标左键，然后在弹出的"存储路径"对话框中将默认名改为"路径1"，如图6-119所示。此时会发现，在"路径"面板中，原来的"工作路径"变成了"路径1"图层，如图6-120所示。创建这个路径的目的是方便之后的重复使用。

图6-119 存储路径　图6-120 创建路径图层

05 单击"路径"面板下方的"将路径作为选区载入"按钮 ◌,创建袜子的轮廓选区,然后执行"编辑>拷贝"菜单命令,再执行"编辑>粘贴"菜单命令,在"图层"面板中创建"图层1"图层,里面的内容就是选区内的对象,如图6-121和图6-122所示。将背景层前面的"指示图层可见性"按钮关闭,此时就可以看到通过抠图创建出的袜子效果了,如图6-123和图6-124所示。

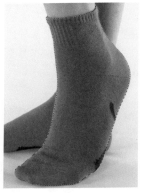

图6-121 创建袜子轮廓选区

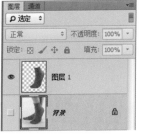

图6-122 创建"图层1"图层　图6-123 关闭"指示图层可见性"按钮

图6-124 抠图后的效果

06 新建文件,并命名为"立体袜子海报制作",然后设置"宽度"为800像素、"高度"为8000像素、"分辨率"为72像素/英寸,再将抠图后的袜子拖进来并调整位置和大小,如图6-125和图6-126所示。

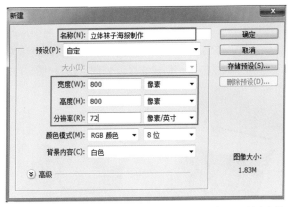

图6-125 新建文件

图6-126 把抠图后的袜子拖入文件中

07 复制一个袜子的图层,并命名为"袜子修图",然后使用工具箱中的"仿制图章工具" ▲把袜子上面的褶皱处理掉,如图6-127~图6-129所示。经过反复处理,效果如图6-130所示。

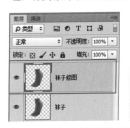

图6-127 创建"袜子修图"图层　图6-128 处理红框中的褶皱

图6-129 处理褶皱后的效果　图6-130 反复处理褶皱后的效果

08 在"图层"面板中，创建一个"袜口信息"的空白图层，然后使用"钢笔工具" ![pen] 绘制一个椭圆形的封口效果，接着在"路径"面板中单击"将路径作为选区载入" ![btn] 按钮，创建选区，如图6-131和图6-132所示。

图6-131 绘制椭圆封口

图6-132 创建选区

09 使用工具箱中的"仿制图章工具" ![stamp] 吸取椭圆内信息，创建到矩形选区中，如图6-133所示。用同样的方法，继续创建袜口内容，效果如图6-134所示。

图6-133 创建袜口内容

图6-134 多次创建袜口内容

10 在"图层"面板中，单击"锁定透明像素"按钮 ![btn] ，并使用"仿制图章工具" ![stamp] 对边缘进行创建，如图6-135所示。

图6-135 创建边缘效果

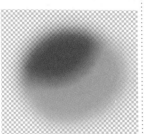
11 如果袜子上半部分的效果不太明显，还可以使用工具箱中的"加深工具" ![burn] 进行加深处理，效果如图6-137所示。

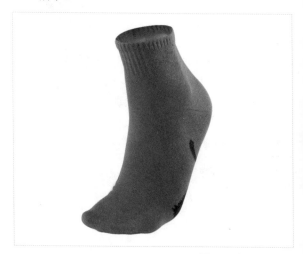
图6-137 加深后的效果

12 在"图层"面板中，复制一个"袜子"图层，然后重命名为"袜子投影"，接着执行"编辑>变换>垂直旋转"菜单命令，调整袜子底部的效果，再执行"滤镜>模糊>高斯模糊"菜单命令，并设置"半径"为35，如图6-138~图6-140所示。

图6-138 创建"袜子投影"图层

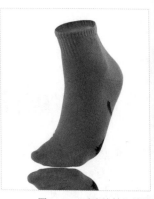
图6-139 "垂直旋转"效果

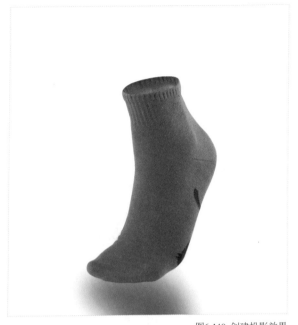

图6-140　创建投影效果

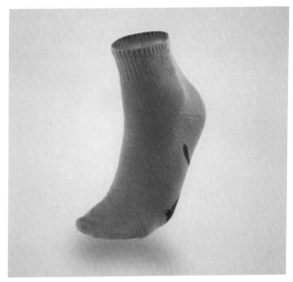

图6-141　袜子的最终效果

13 选择具箱中的"渐变工具"，并设置相应的渐变样式和参数，然后对白色的背景进行渐变处理，最终效果如图6-141所示。

> **小结**
>
> 　为了体现袜子的立体感，前期拍摄的是上脚图，后期就需要将模特的脚修饰掉，并对袜子进行处理。另外，还需要对画面环境进行处理，以便商品能更好地融到环境中。

6.2.2 大长腿后期修图

- 视频名称：6.2.2 大长腿后期修图
- 实例位置：实例文件 >CH06>6.2.2
- 素材位置：素材文件 >CH06>6.2.2

　在做电商设计的时候，不仅要对商品进行修图处理，还要对模特进行修图处理。图6-142所示为修图前后的效果对比。

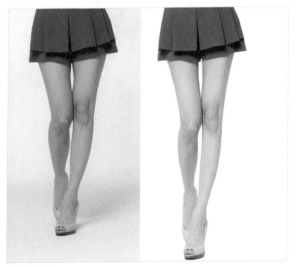

图6-142　修图前后的效果对比

01 导入"CH06>6.2.2"文件夹中的"模特.jpg"素材，然后在工具箱中选择"钢笔工具"，并在选项栏中设置模式为"路径"，对模特创建路径，如图6-143所示。在使用"钢笔工具"创建路径的过程中，可以配合Ctrl键和Alt键来调整锚点的位置和方向，如图6-144所示。

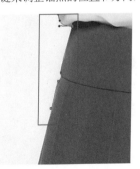

图6-143　创建路径

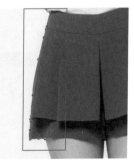

图6-144　调整路径

> **TIPS**
>
> 　在抠图的过程中，可以按住Alt键配合鼠标滚轮，对图片进行放大和缩小的操作。

02 在处理模特腿部的时候，可将创建的路径往内调，以达到瘦腿的效果。切记，一定要根据人体骨骼的走向进行操作，以免出现变形，如图6-145所示。

图6-145 修饰腿部

03 依次对腿部创建路径，如图6-146所示。将整个钢笔路径闭合之后，形成了一个暂时的"工作路径"。

图6-146 创建路径

04 在"路径"面板中，单击"创建新路径"按钮 ，创建一个空白的路径图层，并修改名称为"轮廓内侧"，然后创建钢笔路径，效果如图6-147所示。

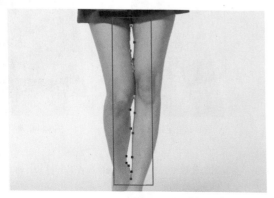

图6-147 创建腿部内侧轮廓路径

05 在"路径"面板中，选择"模特轮廓"路径图层，然后单击"图层"面板下方的"将路径作为选区载入"按钮 ，此时就对模特创建了选区，如图6-148所示。使用组合快捷键Ctrl+C复制图层，然后使用Ctrl+V进行粘贴，创建出一个去掉模特背景的新图层，如图6-149所示。用同样的方法，选择轮廓内容，使用Delete删除腿部背景，如图6-150所示。

图6-148 创建选区

图6-149 创建去掉模特背景的新图层

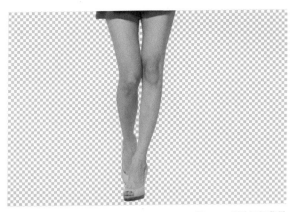

图6-150 删除腿部背景

06 使用工具箱中的"矩形选框工具"■选择腿部，然后使用组合快捷键Ctrl+T结合"自由变换"命令对腿部进行拉长处理，如图6-152所示。

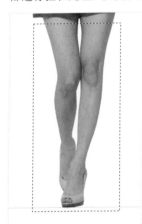 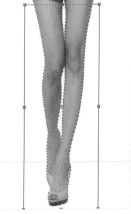

图6-151 选择腿部   图6-152 拉长腿部

07 此时会发现，虽然腿部被拉长，但是鞋子变形了，因此需要用同样的方法对鞋子进行缩小处理，如图6-153所示。

图6-153 缩小鞋子

08 调出"曲线"的属性面板，在其中对参数进行设置，如图6-155和图6-156所示。

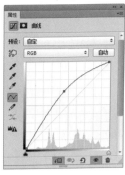

图6-154 设置参数

图6-155 大长腿的最终效果

09 图6-156所示为修图前后的效果对比。

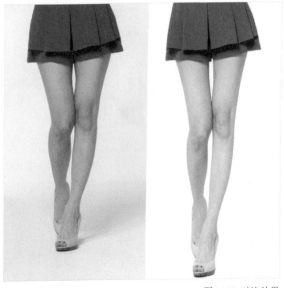

图6-156 对比效果

小结

　　模特腿部的后期修图，重点是对其进行拉长及修瘦处理，同时对亮度进行调整。一般拍摄的图都比较暗，后期需要进行调色处理。

本节将主要讲解女裤后期修图的操作方法。在对裤子进行后期处理时，要将裤子的弹性和透气性等特点呈现出来。图6-157所示为修图后的效果。

图6-157 女裤修图后的效果

01 导入"CH06>6.2.3"文件夹中的"产品.jpg"素材，然后使用工具箱中的"矩形选框工具" 选择模特的腿部，接着使用组合快捷键Ctrl+T结合"自由变换"命令对腿部进行拉长处理，如图6-158和图6-159所示。此时整个画面的颜色比较暗，因此需使用"曲线"命令进行调色处理，效果如图6-160所示。

图6-158 创建矩形选框

图6-159 拉长腿部

图6-160 调亮画面颜色

02 将裤子膝盖位置和腰部下方过多的褶皱处理掉，使整个裤子看上去更平滑。使用工具箱中的"修补工具" 选择膝盖处的褶皱，然后按住鼠标左键，将选中的褶皱向上拖动，松开鼠标左键便可去掉褶皱，如图6-161~图6-163所示。

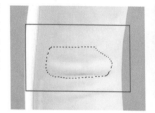

图6-161 选中褶皱

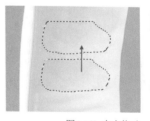

图6-162 向上拖动

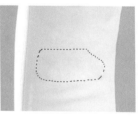

图6-163 去掉褶皱

> :bulb: **TIPS**
> 裤子的褶皱是由人体的骨骼结构形成的，有些褶皱需要处理掉，但有些褶皱可以保留，要根据具体情况而定。

03 用同样的方法，将另一边裤子膝盖位置的褶皱全部处理掉，如图6-164所示。

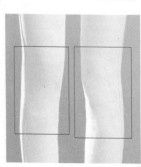

图6-164 褶皱处理后的效果

04 使用"修补工具" 把其他位置的小褶皱去掉，效果如图6-165所示。

图6-165 处理其他褶皱后的效果

05 使用工具箱中的"钢笔工具" 绘制一条弧线，然后对弧线进行描边处理，接着选择"画笔工具" ，并将画笔的"大小"设置为2，将前景色设置为黑色，再在"路径"面板中单击"用画笔描边路径"按钮 ，此时就对弧线的路径进行了2像素的描边处理，如图6-166和图6-167所示。

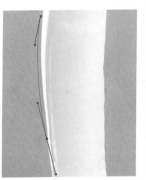 

图6-166 绘制弧线　　图6-167 对弧线描边处理

06 除了上一步创建弧线的方法，还可以在使用"钢笔工具" 创建弧线时，在选项栏中设置模式为"形状"、"描边"为黑色、"大小"为2，如图6-168所示。

图6-168 创建的弧线效果

07 创建好弧线之后，在"图层"面板中添加一个图层蒙版 。选择"渐变工具" ，在"渐变编辑器"对话框中设置渐变色，对创建的弧线进行渐变处理，如图6-169和图6-170所示。用同样的方法创建出其他的弧线，效果如图6-171所示。

图6-169 设置"渐变编辑器"的参数

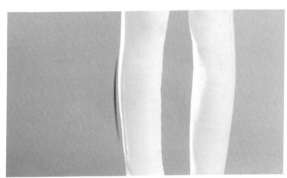

图6-170 对弧线进行渐变处理

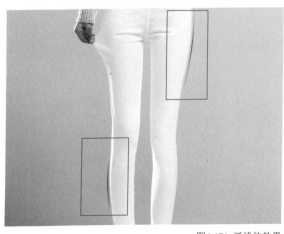

图6-171 弧线的效果

08 如果绘制的弧线是黑色或白色的,可以在"图层样式"中的"颜色叠加"选项中更改弧线的颜色,参数设置如图6-172所示,效果如图6-173所示。

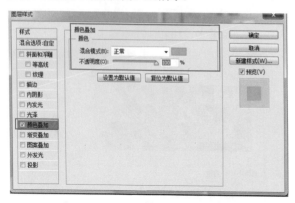

图6-172 设置"颜色叠加"的参数

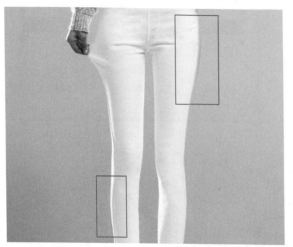

图6-173 改弧线颜色的效果

09 除了弧线之外,还可以绘制一些圆形,目的都是展示布料的弹性和修身效果,如图6-174所示。如果效果不明显的话,还可以使用"椭圆工具" 创建一些装饰性的小圆点,效果如图6-175所示。

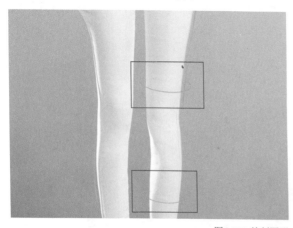

图6-174 绘制圆形

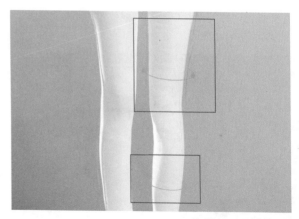

图6-175 创建小圆点

10 为了体现裤子的弹性,模特做了一个动作,因此要对模特所做的动作添加一些效果。使用"钢笔工具" 绘制几条弧线,然后绘制一条交叉的弧线,这样就把弹性的效果制作出来了,如图6-176~图6-178所示。

图6-176 绘制一条弧线

图6-177 绘制其他几条弧线

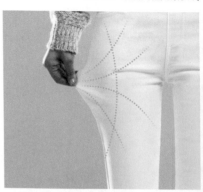

图6-178 绘制一条交叉的弧线

11 此时发现图片的背景太暗,因此需调亮一些,效果如图6-179所示。

图6-179 调亮背景的效果

图6-180 女裤的最终效果

小结

不难发现，经过处理后的裤子更漂亮、更有亮点，可以增加消费者的购买欲望。裤子的修图主要是使用"钢笔工具" ✍配合描边路径来完成的。

12 把产品的Logo添加进来，最终效果如图6-180所示。

6.2.4 不锈钢热水壶后期修图

● 视频名称：6.2.4 不锈钢热水壶后期修图　　● 实例位置：实例文件 >CH06>6.2.4
● 素材位置：素材文件 >CH06>6.2.4

在拍摄不锈钢类产品时，由于受到环境光的影响，需要进行后期修图处理。本节主要讲解不锈钢热水壶后期修图的操作方法，效果如图6-181所示。

图6-181 不锈钢热水壶修图后的效果

01 导入"CH06>6.2.4"文件夹中的"产品.jpg"素材，然后复制一个背景图层，并使用"曲线"调整命令对图像进行调色处理，如图6-182~图6-184所示。

图6-182 导入"产品"素材

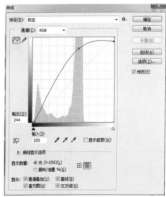

图6-183 "曲线"调整

图6-184 调整后的效果

⚡ TIPS

修图之前，需要对整个图像进行调整，然后对局部进行调整。

02 在工具箱中选择"钢笔工具" ，并将模式设置为"路径"，然后对热水壶的整个壶身创建路径，如图6-185所示。

图6-185 创建壶身路径

03 把创建的路径转换为选区，并新建一个空白图层，然后在工具箱中选择"渐变工具" ，并在选项栏中单击"可编辑渐变"按钮 ，在弹出的"渐变编辑器"对话框中设置渐变相应参数和位置，再对壶身进行渐变操作，如图6-186和图6-187所示。

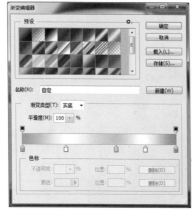

图6-186 设置"渐变编辑器"的参数

图6-187 渐变处理效果

04 选择工具箱中的"涂抹工具" ，然后结合"减淡工具" 和"加深工具" 对不锈钢壶身进一步的处理，效果如图6-188所示。

图6-188 壶身处理效果

⚡ TIPS

为了让金属材质显得更有质感，要对渐变填充后的效果进行涂抹操作。

05 对不锈钢壶身进一步处理。使用"钢笔工具" 绘制出图6-189所示路径，然后将路径转换为选区，再将其填充为黑色，效果如图6-189和图6-190所示。

图6-189 绘制路径

图6-190 填充黑色

06 使用"钢笔工具" ✍ 沿着壶嘴轮廓创建路径,然后选择"渐变工具" ▣,并设置相应的渐变颜色,对壶嘴进行渐变填充,如图6-191和图6-192所示。此时可以发现,热水壶没有通透的感觉,因此还要调整"图层"的"不透明度",效果如图6-193所示。使用"钢笔工具" ✍ 创建一个符合壶嘴走势的路径,并填充为黑色,效果如图6-194所示。

图6-191 创建壶嘴轮廓路径

图6-192 渐变填充处理

图6-193 设置"不透明度"

图6-194 填充黑色

07 使用"钢笔工具" ✍ 绘制热水壶底部路径,然后填充白色,并设置"图层"的"不透明度"为80%,接着创建图层蒙版,使用黑色到白色的渐变操作(也可以使用"画笔工具" ✍ 在图层蒙版上进行操作),制作出高光效果,如图6-195和图6-196所示。用同样的方法把其他位置的高光制作出来,然后把红色指示灯也制作出来,如图6-197和图6-198所示。

图6-195 填充白色

图6-196 制作高光效果

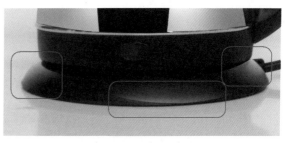

图6-197 制作其他高光

图6-198 制作红色指示灯

08 对热水壶的细节部分进行处理，效果如图6-199所示。

图6-199 细节处理效果

09 至此，整个不锈钢热水壶的修图就完成了，最终效果如图6-200所示。

图6-200 不锈钢热水壶的最终效果

> ☑ 小结
>
> 不锈钢热水壶的修图其实很简单，首先要理解产品本身的结构，然后对产品图进行抠图处理，再进行上色处理，最后根据不同的材质制作出不同的效果。要注意高光、中间调和暗部的结构处理。

6.2.5 护肤品后期修图

● 视频名称：6.2.5 护肤品后期修图　　● 实例位置：实例文件 >CH06>6.2.5
● 素材位置：素材文件 >CH06>6.2.5

本案例需要对一款洗面奶产品进行塑形、上色和质感等修图处理，并添加喷溅的水花素材。修图后的效果如图6-201所示。

图6-201 护肤品修图后的效果

01 导入"CH06>6.2.5"文件夹中的"产品.jpg"素材，然后在工具箱中选择"钢笔工具" 🖊，并在选项栏中设置模式为"路径"，接着围绕产品的轮廓创建一个

闭合路径，并在"路径"面板底部单击"将路径转换为选区"按钮 ⊙，将路径转换为选区之后，就可以对产品进行抠图处理了，如图6-202和图6-203所示。

图6-202 创建路径　　　　图6-203 抠图处理

02 新建一个空白文件，然后制作一个图6-204所示蓝色渐变背景，接着将抠好的瓶子导入背景中，并调整其大小和位置，再创建参考线，对瓶子进行透视的调整，效果如图6-205所示。

图6-204 制作渐变背景　图6-205 对瓶子进行调整

03 可以发现，瓶子边缘有太多的反光效果，因此需要覆盖掉。新建一个空白图层，然后使用"画笔工具"吸取瓶子边缘的颜色，绘制瓶子边缘的效果，接着创建剪贴图层蒙版，再使用"曲线"或者"色阶"命令对瓶子进行调色处理，如图6-206~图6-208所示。

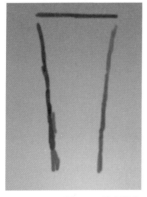

图6-206 绘制边缘

图6-207 边缘处理后的效果　图6-208 调色后的效果

04 选择工具箱中的"减淡工具"，并调整画笔的"大小"和"曝光度"，然后在瓶盖需要调亮的地方进行涂抹，再使用"加深工具"对结构明显的暗部进行调整，效果如图6-209所示。

图6-209 调整后的效果

05 使用"钢笔工具"围绕瓶口上方的位置创建路径，并转换为选区，然后新建一个空白图层，接着选择工具箱中的"渐变工具"，在弹出的"渐变编辑器"对话框中调整渐变的颜色，再在新建的空白图层上进行渐变处理，如图6-210~图6-212所示。

图6-210 将创建的路径转换为选区

图6-211 设置"渐变编辑器"的参数

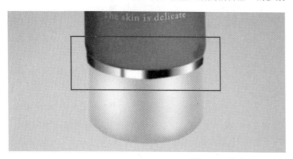

图6-212 渐变后的效果

06 对瓶子的亮度和饱和度进行调整,效果如图6-213所示。

图6-213 调色后的效果

07 使用工具箱中的"钢笔工具" 在顶部绘制一个图6-214所示形状,然后把"图层"的"不透明度"设置为80%,再添加一个图层蒙版,对其进行渐变的操作,这样就形成了顶部的高光效果,如图6-215所示。

图6-214 绘制形状

图6-215 顶部的高光效果

08 使用"钢笔工具" 或"画笔工具" 创建一条模糊的白色弧线,然后添加图层蒙版,再将弧线移动到瓶子右上角的位置,制作出高光效果,如图6-216和图6-217所示。

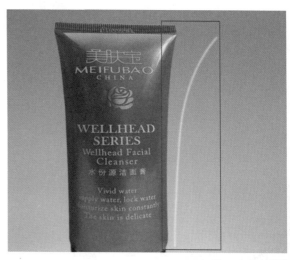

图6-216 绘制弧线

图6-217 在右上角添加高光后的效果

☼ TIPS

在修图时，高光的添加是必不可少的。

09 制作喷溅的水花背景效果。导入"CH06>6.2.5"文件夹中的"水.psd"素材，并调整其大小和位置，然后使用组合快捷键Ctrl+T结合"自由变换"命令对瓶子进行调整，效果如图6-218所示。

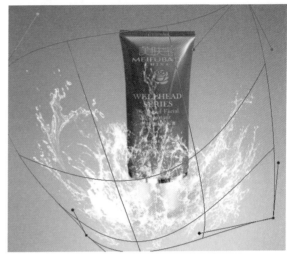

图6-220 复制"水"素材并放到瓶子上方

11 对"水"素材添加蒙版，然后将瓶子上面的"水"删掉，以凸显产品，最终效果如图6-221所示。

图6-218 导入"水"素材调整瓶子

10 在瓶盖下方添加一个投影效果，如图6-219所示。复制一个"水"素材，然后将其调整到瓶子的上方，如图6-220所示。

图6-221 护肤品的最终效果

📝 小结

　　瓶子的修图方法和热水壶的修图方法很相似，使用的工具也是一样的。在添加素材的时候，需要结合"自由变换"命令进行操作，让素材与产品相融合。

图6-219 添加投影效果

6.3 课后作业

● 素材位置：素材文件 > CH06 > 6.3

根据自己的学习情况，独立完成一个Banner海报的制作。

根据自己的学习情况，掌握不锈钢商品的修图方法。

根据提供的素材文件，制作投影机的Banner海报效果，如图6-222所示。

图6-222 投影机Banner海报效果

根据提供的素材文件，对红酒产品图进行后期修图处理，并制作成海报，效果如图6-223所示。

图6-223 红酒后期处理效果

在业余时间，搜集80~200个优秀的Banner海报，并学习其表现技法。

首页的设计与装修

消费者在网上购物时，只能通过文字、图片和视频了解商品的信息。因此，每一个网店店主都不能忽视自家店铺的美化和装修。网店的装修和实体店的装修一样，要让顾客从视觉和心理上感受到店主的用心；同时，将店铺装修好能够最大限度地提升店铺的形象，有利于网店品牌的形成，提高浏览量，增加顾客在店铺停留的时间，大大提升转化率。

学习要点

了解首页需展示的信息内容
掌握首页设计的方法和技巧

7.1 首页的布局与规划

一个网店除了有详情页之外，还有另一个重要的组成部分——首页。不论是在无线端，还是在PC端，首页都非常重要。在进行店庆、购物狂欢节和打折促销活动时，美工设计人员要配合运营推广的需要制作符合节日气氛的店铺首页。

通常情况下，一个店铺首页会包含哪些内容呢？前期又是如何布局和规划的呢？接下来将为大家作具体讲解。

7.1.1 首页展示的信息

首先要明确首页装修的目的，一是让顾客记住店铺，包括店铺名、风格、商品品类和商品价位等基本信息；二是让顾客根据我们提供的路线在首页上有目的地进行点击，提高购买率。因此，店主需要对商品信息进行合理的布局与规划。店铺首页主要由店招、导航、海报、产品分类、客服旺旺、产品展示、店铺页尾和店铺背景等几大部分构成，如图7-1所示。

实际上，店铺首页展示的商品内容往往会多达9~25屏，如图7-2所示。通过分析可以发现，逸阳店铺首页是由不同模块组成的，包括店铺招牌、头部和海报、导航声明等，如图7-3所示。进入商品的模块展示部分，有热销推荐、牛仔裤、小直筒裤、中直筒、打底系列和春季新品等系列。店铺底部则是导航和店尾信息。整个首页制作得非常简洁大气。

图7-1 首页布局的内容

图7-2 逸阳店铺首页

图7-3 逸阳店铺分解图

由上述内容可知，一个完整的店铺首页应包含以下几个模块。

店铺招牌：一般展示的是店铺的名称、Logo、口号、优惠券和收藏图标等。它是店铺上面唯一一个在各个页面都能显示的模块，且应该放一些重点内容。

　　导航条：可分为淘宝系统自带的导航条和自定义的导航条，可以帮助顾客快速链接到相应的页面。

　　全屏海报：展示店铺的优惠力度和主打产品，让顾客一进入店铺首页就能看到该店铺的重点内容。

　　产品促销轮播海报：主要用于推广促销产品，从而吸引买家。

　　产品陈列和分类：方便买家根据自己的需求在该店铺内快速找到想要的商品。可以根据商品的价格、功能或属性等进行分类。

　　客服旺旺：是买家跟店家沟通的软件，设计在首页上以便买家联系商家。

　　店铺音乐：设置后，顾客一进入店铺就能听到美妙的音乐。

　　店铺公告：主要展示一些店铺声明和紧急信息公告等内容。

　　店铺页尾：主要展示快递、包装物流和售后等信息。

　　店铺背景：装饰整个页面的内容。

　　美工设计人员只要明白各模块的功能和展示的内容，就能设计出优秀的店铺首页了。

小结

　　大家平时可以看一些优秀的店铺设计，从中学习设计的相关知识。当然也要多学习和多总结，这样在动手操作的时候才能游刃有余，否则脑子里根本就没有好的想法，也做不出好的设计。

7.1.2 首页布局与规划的流程

　　本节将为大家讲解首页布局与规划的流程。

1.确定网店风格

　　网店风格受品牌文化、产品信息、顾客群、市场环境和季节等因素的影响而多种多样，如清新脱俗、简单大方和俏皮可爱等。确定网店风格是布局首页的前提，如果是新手卖家，可以参考同类网店的设计风格。

2.确定首页模板

01 进入淘宝网首页，先点击"卖家中心"，然后登录账号，再点击"店铺装修"。当然，也可以直接从千牛客户端进入店铺装修页面。

02 进入"淘宝旺铺"后台，选择顶部的"模块管理"选项，如图7-4所示。

图7-4 模块管理

03 此时页面中显示了3个可用模块，选择之后会弹出"模板详情"界面，如图7-5所示。

04 执行"应用>直接应用"菜单命令，也可以单击模块中的"马上使用"按钮，操作成功后，店铺首页模块就会发生改变，如图7-6所示。

图7-5 模板详情　　　　　　　　　　　　　　　　　　　　　　　　图7-6 应用模板后的效果

3.搭建首页框架

店铺首页包含多种元素，如店铺招牌、导航条、首焦轮播、优惠券、旺旺咨询、活动促销、分类列表、公告信息、海报、新品展示、页中导航、短袖、衬衫、裤子、店尾导航等信息。图7-7所示为一个店铺首页框架规划图。另外，也可以通过旺铺装修后台的"布局管理"来搭框首页框架布局。

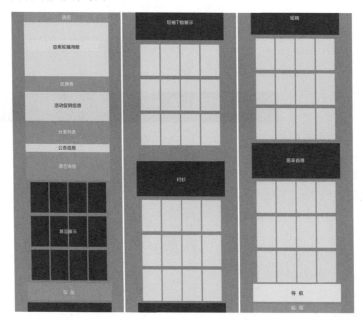

图7-7 店铺首页框架规划

01 进入淘宝旺铺装修后台，可看到"电脑页面装修"中的"页面编辑"选项，如图7-8所示。

图7-8 电脑页面装修

02 选择"布局管理"模块，进入首页布局页面，如图7-9所示。

图7-9 "布局管理"模块

03 选择"栏目"模块，对其进行上下拖动即可改变模块的显示位置，也可以点击模块右侧的"删除"图标删除当前所选模块，如图7-10所示。

04 选择"添加布局单元"，在弹出的"布局管理"对话框中进行相应设置，如图7-11所示。

05 选择需要添加的模块并拖入右侧单元中，拖入后释放鼠标即可，也可以创建添加新的模块，如图7-12所示。最后逐一添加所需要的模块。

图7-10 模块调整显示　　　　　　图7-12 创建新的模块

图7-11 布局管理

4.排版设计制作

首页的设计，需要在Photoshop软件中进行操作。一般来说，一个首页设计需要花5~10天的时间，前期要规划素材，后期要排版设计和定稿。

5.上传店铺首页

将店铺首页设计好之后，需要进行切图处理并上传到图片空间，还要使用Dreamweaver软件添加链接。这些内容会在后面的章节详细讲解。

7.2 女装店铺首页设计实例

本节将主要讲解女装店铺首页的制作。通常情况下，一个店铺首页包含店铺招牌、全屏轮播海报、优惠券信息、产品展示信息和店铺尾部信息等。

7.2.1 店铺招牌的设计

- 视频名称：7.2.1 店铺招牌的设计　● 实例位置：实例文件>CH07>7.2.1
- 素材位置：素材文件>CH07>7.2.1

01 新建文件，然后设置"宽度"为1920像素、"高度"为3000像素、"分辨率"为72像素/英寸，如图7-13所示。

TIPS

首页的宽度一般是1920像素（全屏）或950像素，高度可根据具体情况进行设置。

图7-13 新建文件

02 创建参考线，如图7-14所示。

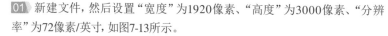

图7-14 创建参考线

TIPS

关于店铺招牌的设计在第2章也有系统的讲解，如果还是不太清楚，可以翻看前面的内容进行学习。

03 使用工具箱中的"矩形工具" ▭ 在画布中单击，在弹出来的"创建矩形"对话框中，设置"宽度"为1920像素、"高度"为150像素，然后为背景填充褐色，如图7-16所示。

图7-15 设置"创建矩形"
的参数

图7-16 填充背景

04 复制一个矩形，然后将其填充为黑色，并转换为普通图层，接着执行"滤镜>杂色>添加杂色"菜单命令，在弹出的"添加杂色"对话框中将"数量"设置为70%，勾选"高斯分布"和"单色"，如图7-17~图7-19所示。将"图层"的"不透明度"设置为5%，效果如图7-20所示。

图7-17 填充黑色并转换为普通图层　图7-18 设置"添加杂色"的参数

图7-19 添加杂色后的效果

图7-20 调整后的效果

05 使用"矩形工具"□从左边参考线的位置创建一个红色的矩形，然后使用"横排文字工具"T将店铺Logo信息和店名创建出来，并调整字体的大小，如图7-21和图7-22所示。

图7-21 创建矩形

图7-22 创建文字

06 创建宣传口号。选择"自定形状工具"，在选项栏中将"形状"设置为黑色，创建一个图7-23所示形状，接着在"图层"面板中将形状的"不透明度"设置为30%，再将"开启时尚之旅"文字创建出来，并调整字体的大小，如图7-24和图7-25所示。

图7-23 创建形状

图7-24 调整形状的"不透明度"

图7-25 创建文字

07 使用"横排文字工具"T创建一个"藏"字，并复制一个图层，然后将复制的文字调小一些，将第一个"藏"字的"不透明度"设置为30%，再使用"钢笔工具"创建两条线段，如图7-26~图7-28所示。

图7-26 创建"藏"字

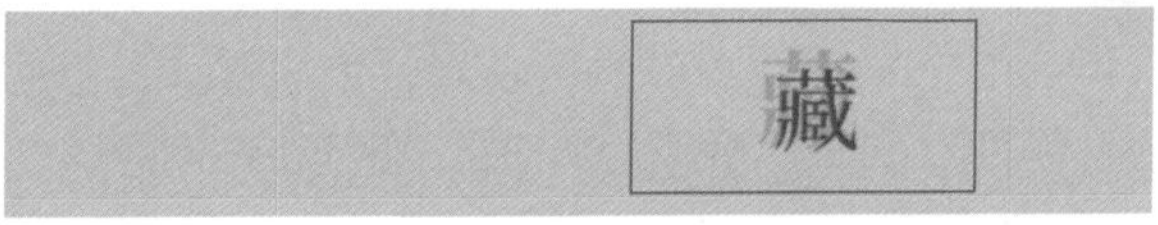

图7-27 调整"藏"字

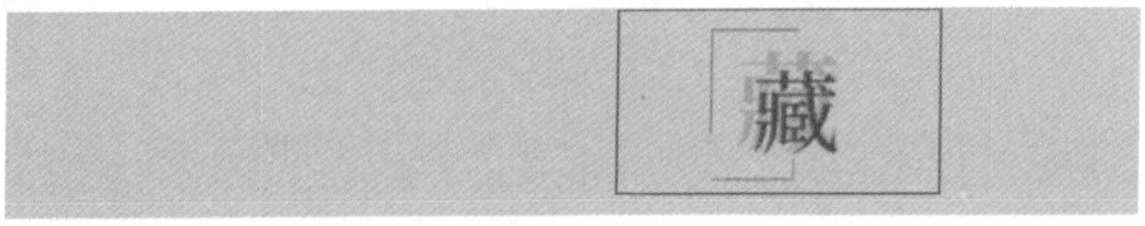

图7-28 创建两条线段

08 选择"钢笔工具" ，然后在选项栏中设置"描边"为黑色、"大小"为1.2点、线段类型为虚线，接着创建一个弯曲的线段，再把文字"百变女人"创建进来，最后加上一个自定义形状，如图7-29和图7-30所示。导入手机店铺的二维码，将推广手机店铺的文案内容也创建进来，店铺招牌的最终效果如图7-31所示。

图7-29 创建弯曲的线段

图7-30 创建形状和文字

图7-31 店铺招牌的最终效果

💡 TIPS

现在很多店铺都会在首页比较明显的位置添加二维码，以便获得更多消费者的关注。

7.2.2 导航内容的设计

● 视频名称：7.2.2 导航内容的设计
● 实例位置：实例文件 >CH07>7.2.2

01 在创建的参考线位置创建一个矩形，并设置宽度为1920像素、高度为30像素，然后放到店铺招牌底部的位置，效果如图7-32所示。

图7-32 创建矩形并调整位置

02 使用"横排文字工具" 创建第一个导航文字内容，然后选择"多边形工具" ，并在选项栏中设置"边"为3，创建一个三角形，如图7-33和图7-34所示。

图7-33 创建文字

图7-34 创建三角形

03 使用"横排文字工具" 把其他的导航内容创建进来，如图7-35所示。

图7-35 创建其他导航内容

04 在每个导航的中间添加一条垂直线段，最终效果如图7-36所示。

图7-36 导航内容的最终效果

TIPS

在导航文字之间添加垂直线段，目的是让消费者第一眼就能将每个导航的内容区分开来，否则会让人产生误解。

7.2.3 悬浮导航的设计

● 视频名称：7.2.3 悬浮导航的设计　● 实例位置：实例文件 >CH07>7.2.3
● 素材位置：素材文件 >CH07>7.2.3

淘宝旺铺智能版有很多强大的功能，接下来要讲的是悬浮导航。悬浮导航不可覆盖到店铺页头区域，可自定义上下位置及与内容区域的距离。悬浮导航的预览示意图如图7-37所示。

图7-38 新建文件

图7-37 悬浮导航的预览示意图

美工设计人员在制作悬浮导航的时候，宽度要小于200像素，高度要小于600像素，图片类型可以是JPG、PNG和GIF等格式。具体来说，可通过店铺装修后台对制作好的悬浮导航进行装饰和使用。接下来就为大家讲解悬浮导航的制作和装修方法。

01 新建文件，设置"宽度"为150像素、"高度"为600像素、"分辨率"为72像素/英寸，如图7-38所示。

02 在工具箱中选择"圆角矩形工具"，创建一个矩形，如图7-39所示。用同样的方法，创建出其他几个矩形并进行排版，如图7-40所示。

图7-39 创建矩形　　图7-40 创建其他矩形

03 在两个矩形中间创建4个圆点，然后在圆点中间创建两条垂直线段，这样就形成了一个链接的样式，如图7-41所示。复制链接的样式，把其他对象也创建出来，效果如图7-42所示。

图7-41 创建两条垂直线段　　图7-42 创建所有链接效果

04 使用"横排文字工具" T ，把悬浮导航要展示的信息创建进来，如图7-43和图7-44所示。

图7-43 创建导航文字1　　图7-44 创建导航文字2

05 将白色背景前面的小眼睛隐藏掉，然后把制作好的图片存储为透明的背景效果，如图7-45~图7-47所示。

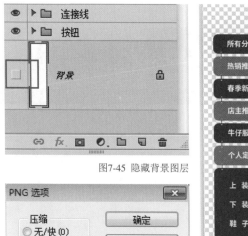

图7-45 隐藏背景图层

图7-46 PNG选项　　图7-47 悬浮导航的效果

06 将制作好的图片上传到淘宝"图片空间"，然后登录旺铺装修后台，并选择"PC端"进行首页的装修操作，接着在模块中选择"1920"智能版，在基础模块中选择"悬浮导航"，再直接拖动到编辑区域，如图7-48所示。

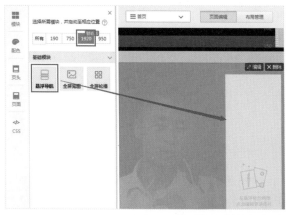

图7-48 编辑悬浮导航

07 选择"悬浮导航"，然后选择"内容设置"，并选择"上传图片"，接着上传制作好的图片，这样就可以对图片上的导航文字内容添加热区链接对象了，如图7-49和图7-50所示。

图7-49 上传图片　　　　图7-50 添加热区

08 在添加热区链接的时候，可以选择店铺中的"自定义页面"，也可以选择店铺中的"宝贝分类"，还可以选择某一个商品，如图7-51所示。

图7-51 热区链接的选择

09 注意，一个悬浮导航按钮上最多可以添加20个热区链接。图7-52中添加了3个热区链接。

图7-52 添加热区链接效果

10 把所有的热区链接添加好之后，单击底部的"确定"按钮并进行保存，这时就可以发布站点或查看预览效果了。将悬浮导航放到海报中，如图7-53所示。

图7-53 悬浮导航的最终效果

> **TIPS**
> 左侧的悬浮导航除了可以在平日里使用外，还可以在节庆活动促销时使用，如店庆、"双十一"、圣诞节和中秋节等。

7.2.4 全屏海报的设计

● 视频名称：7.2.4 全屏海报的设计　　● 实例位置：实例文件 >CH07>7.2.4
● 素材位置：素材文件 >CH07>7.2.4

01 使用"矩形工具" 创建一个矩形，设置"宽度"为1920像素、"高度"为540像素，然后在矩形"属性"面板中将矩形的颜色设置为橙色，接着将创建好的矩形移动到店铺招牌下面，如图7-54和图7-55所示。

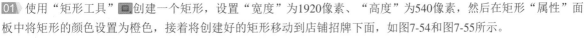

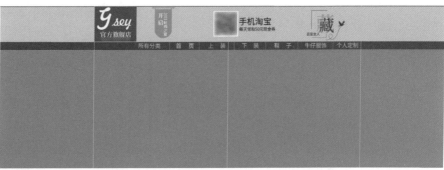

图7-54 矩形"属性"面板　　　　　　　　　　　　　　　　　　　　　図7-55 创建好的矩形

02 新建一个空白图层，然后选择"画笔工具" ✐，并设置好画笔的"大小"和样式，同时将颜色设置为白色，接着创建出一个渐变的效果，如图7-56所示。

图7-56 创建渐变的效果

03 选择"画笔工具" ✐，然后选择一个画笔"硬度"为100%的样式绘制一个白色和一个深色的效果，接着分别把它们移动到画布的两端，效果如图7-57所示。

图7-57 画笔绘制的效果

04 此时的背景过于单调，可以使用工具箱中的"自定形状工具" ✿绘制一些不同的形状，并添加一些装饰元素，如图7-58所示。

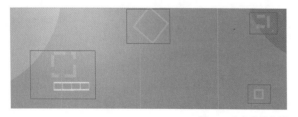

图7-58 丰富背景效果

05 导入"CH04>7.2.4"文件夹中"模特.png"素材，并将其放到画布最中间的位置，如图7-59所示。

图7-59 导入"模特"素材并调整位置

06 使用"横排文字工具" T创建YIEGT文字并放到模特的背后，然后对图层添加一个"投影"效果，接着将文字"开启预约每周五上新"创建进来并进行排版，再把文字"成熟女人穿出自我"创建进来，为了让字体的效果更好看，可以创建一个形状并放到文字的上方，如图7-61~图7-63所示。将促销文字"裙子系列包邮"创建进来，然后给文字制作一个背景效果，如图7-64所示。

图7-60 创建文字效果

图7-61 创建文字投影效果

图7-62 创建"开启预约每周五上新"文字内容

图7-63 创建"成熟女人穿出自我"文字内容

图7-64 创建"裙子系列包邮"文字内容

07 通过上面的一系列操作，全屏海报就制作好了，最终效果如图7-65所示。

图7-65 全屏海报的最终效果

> **TIPS**
> 海报的制作其实并不复杂，只要先展示出核心产品，然后提炼出卖点，就可以进行制作了。设计师最重要的职责是配合商品制作宣传图，不要一味追求效果而忘了图片展示的目的。

7.2.5 优惠券的设计

● 视频名称：7.2.5 优惠券的设计
● 实例位置：实例文件＞CH07＞7.2.5

01 使用"矩形工具"■创建一个"宽度"为1920像素的矩形，然后将其填充为红色，效果如图7-66所示。

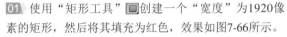

图7-66 创建矩形并填充红色

> **TIPS**
> 图片的高度一般没有严格的规定，可根据具体情况进行设置。

02 使用工具箱中的"横排文字工具"T创建"先领券"文字，然后对文字添加投影效果，这样会使文字显得更加立体，效果如图7-67所示。

图7-67 创建文字并添加投影

03 将"再购买更优惠"文字创建进来，然后将相对应的英文也创建进来，如图7-68所示。此时，发现文字内容太少，尤其是将文字居中对齐之后，显得两端更空，所以需要创建一些斜线进行填充和装饰，文字效果如图7-69所示。

图7-68 创建其他的文字内容

图7-69 文字效果

04 使用"矩形工具"■创建一个矩形，并将其填充为紫色，开始制作优惠券，效果如图7-70所示。

图7-70 创建矩形并填充紫色

05 使用"横排文字工具"T创建数字20，并调整其大小，然后创建字母X，接着创建文字"满99元即可使用"，再制作一个"点击领取"的按钮，如图7-71和图7-72所示。

图7-71 创建数字、字母及文字

图7-72 制作"点击领取"按钮

06 在优惠券的上端创建一个圆形，然后对圆形添加"斜面"和"浮雕"效果，再对圆形添加"投影"效果，如图7-73~图7-76所示。

图7-73 创建圆形

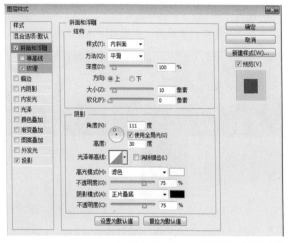

图7-74 设置"斜面"和"浮雕"的参数

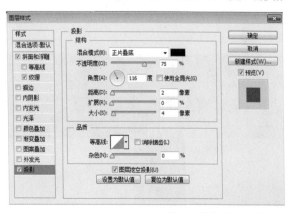

图7-75 设置"投影"的参数

图7-76 优惠券的效果

TIPS

制作好一个优惠券之后，多复制几个，再修改对应的参数，就可得到多个优惠券的效果。

07 直接复制一个制作好的优惠券模板，然后修改价格为50，并调整优惠券领取的门槛信息，用同样的方法制作出100元的优惠券，效果如图7-77和7-78所示。

图7-77 制作50元优惠券

图7-78 制作100元优惠券

08 通过上面一系列的操作，整个首页上的5个优惠券已经设计出来了，效果如图7-79所示。

图7-79 优惠券的最终效果

小结

优惠券的制作方法有很多种，大家可以尝试使用。值得注意的是，首页上一般会设置3~5个优惠券，太多或太少都不合适，太少会显得单调，太多会显得拥挤。

7.2.6 声明公告内容的设计

- 视频名称：7.2.6 声明公告内容的设计
- 实例位置：实例文件 >CH07>7.2.6

01 使用"矩形工具"■创建一个小的矩形，并将其填充为红色，然后复制一个矩形，并移动其位置，再改变其颜色，如图7-80和图7-81所示。

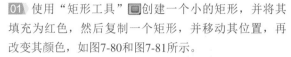

图7-80 创建矩形并填充红色

图7-81 创建另一个矩形并调整位置及颜色

02 使用"横排文字工具"T创建"声明"文字，并调整其大小，然后把需要声明的文案内容创建进来，如图7-82和图7-83所示。

图7-82 创建文字

图7-83 创建声明内容

03 把英文内容创建进来，并将其放到底部位置，效果如图7-84所示。

图7-84 创建英文

04 使用"画笔工具"✓创建一条像素为1的线段，然后对两端的"不透明度"进行处理，效果如图7-85所示。

图7-85 声明公告的最终效果

☑ 小结

因为春节期间物流会停运，所以很多店铺都会在店铺首页添加声明或公告。注意在设计一些公告信息的时候，样式一定要简洁、明显。

7.2.7 页中导航的设计

- 视频名称：7.2.7 页中导航的设计
- 实例位置：实例文件 >CH07>7.2.7
- 素材位置：素材文件 >CH07>7.2.7

01 使用"矩形工具"■创建一个矩形并放到中间位置，然后使用"画笔工具"✓将矩形的两端制作成书法边缘的效果，再使用"横排文字工具"T把文字信息创建进来，如图7-86~图7-88所示。

图7-86 创建矩形

图7-87 将矩形的两端制作成书法边缘

图7-88 创建文字信息

02 使用"椭圆工具" ◉ 创建一个圆形，然后复制一个圆形，并设置一个2像素的描边效果，再向下移动一些，如图7-89和图7-90所示。

图7-89 创建圆形   图7-90 创建另一个圆形效果

03 将素材导入，然后调整其大小和位置，接着使用剪贴图层蒙版的方法将模特素材剪贴到圆形中，再把模特图层的"不透明度"设置为30%，最后使用"横排文字工具" Ｔ 把"新品首发"创建进来，如图7-91~图7-94所示。

图7-91 导入素材   图7-92 剪贴图层蒙版效果

图7-93 改变图层的"不透明度"   图7-94 创建"新品首发"文字

04 制作好一个导航样式之后，再复制一个，改变导航的信息即可，如图7-95所示。用同样的方法，将店铺内其他产品的导航信息制作出来，最终效果如图7-96所示。

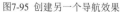

图7-95 创建另一个导航效果   图7-96 页中导航的最终效果

📋 **小结**

通常情况下，一个店铺的首页有店招导航、页中分类导航、底部导航和左侧滚动导航等。设计导航的目的是让消费者快速找到所需要的商品，引导消费者在店铺内查看并浏览更多商品。

7.2.8 热销推荐设计

● 视频名称：7.2.8 热销推荐设计

● 实例位置：实例文件 >CH07>7.2.8

01 使用"矩形工具" 创建一个红色的矩形背景，然后使用"横排文字工具" 创建文字信息，再创建一个"查看更多"的按钮，如图 7-97~图7-99所示。

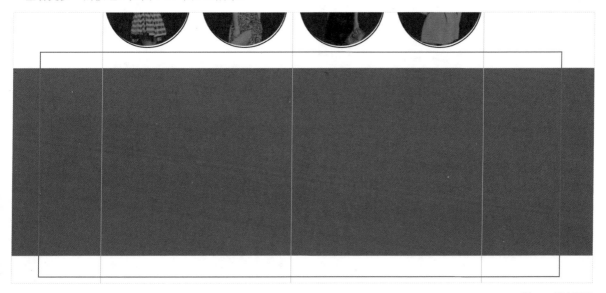

图7-97 创建矩形

图7-98 创建文字信息

图7-99 创建按钮

02 使用工具箱中的"矩形工具" 创建一个灰色的矩形背景，为了不让背景太单调，可以使用"画笔工具" 制作出一个渐变效果，如图7-100和图7-101所示。

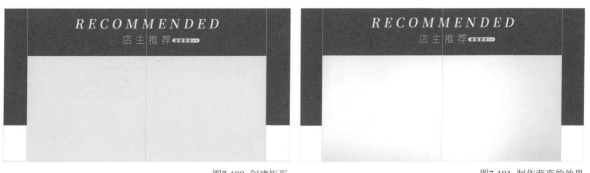

图7-100 创建矩形

图7-101 制作渐变的效果

☼ TIPS

需要注意的是，为了让不同的显示器都可以显示该模块的内容，建议将背景的宽度设置为960像素，并将背景居中对齐，然后把重要的信息放在中间。

03 导入模特素材，并将其放到右侧的位置，效果如图7-102所示。

图7-102 导入模特素材并调整位置

04 使用"横排文字工具" T 创建"2019春夏新潮品类"文字内容，将其放到左边顶部位置，然后将英文内容和促销优惠文字内容创建进来，如图7-103~图7-105所示。

图7-103 创建文字内容

图7-104 创建促销文字和英文内容

图7-105 热销推荐的最终效果

 小结

在店铺首页中，篇幅最多的是产品的展示内容。在产品的上方，一般会制作一个推荐类的海报，将商品聚集在一起。

7.2.9 陈列展示模块的设计

产品的展示一般分为规则的展示和不规则的展示。除了旺铺后台系统提供的一行展示4个宝贝、一行展示3个宝贝和一行无缝展示3个宝贝的方式之外，设计师还可以根据具体需求设计展示效果。接下来为大家讲解3×3展示模块、4×4展示模块和不规则展示模块的设计方法。

1.3×3展示模块的设计

● 视频名称：3×3展示模块的设计
● 实例位置：实例文件 >CH07>7.2.9

01 使用"矩形工具" ▢ 创建一个矩形，然后将模特素材导入并居中对齐，再放到中间位置，效果如图7-106和图7-107所示。

图7-106 创建矩形

图7-107 导入素材并调整位置

02 复制一个矩形，并调整其高度和大小，然后把模特素材导入，并调整其大小和位置，如图7-108和图7-109所示。

图7-108 创建第二个矩形

图7-109 导入素材并调整位置及大小

03 使用"横排文字工具"□和"矩形工具"□将产品对应的价格和抢购按钮创建进来，如图7-110所示。用同样的方法把第三个商品背景和模特素材创建进来，效果如图7-111所示。

图7-110 创建价格和抢购按钮

图7-111 创建第三个产品

04 将其他几个商品创建出来，效果如图7-112所示。

图7-112 创建其他商品效果

05 使用"横排文字工具"□在比较空的地方创建一些英文内容，这样看上去会更大气，效果如图7-113所示。

图7-113 创建英文内容

06 通过上面一系列的操作，3×3产品展示模块就设计完成了。这样的效果比旺铺装修后台默认的效果要漂亮很多，最终效果如图7-114所示。

图7-114 3×3展示模块的最终效果

✎小结

通常情况下，可以先设计出一个产品的效果，然后对其进行复制，再修改对应的信息，就可以得到其他的产品效果了。一个店铺首页的模板，短则使用一个季度，长则使用一年。

2.4×4展示模块的设计

- 视频名称：4×4展示模块的设计
- 实例位置：实例文件 >CH07>7.2.9

01 使用"矩形工具"▢创建一个矩形，制作模块上方的海报，效果如图7-115所示。

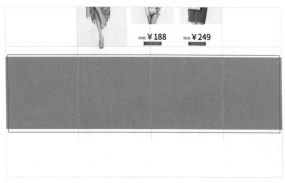

图7-115 创建矩形

02 使用"横排文字工具"▣创建英文内容和"个人定制"等文字信息，效果如图7-116所示。

图7-116 创建文字内容

03 这里的制作方法和热销推荐设计的方法一样，可以直接把前面制作的内容复制过来，然后修改相应的信息，调整后的效果如图7-117所示。

图7-117 调整后的效果

☀ TIPS

在实际工作中，有的图片效果可通过复制其他的图片而得到，这时就不要再花太多时间去重复制作了，从而提高工作效率。

04 使用"矩形工具"▢创建一个矩形，然后将模特素材导入进来，并调整其大小和位置，再把文字内容和优惠促销信息创建进来，最后把"立即抢购"促销按钮的效果制作出来，如图7-119~图7-121所示。

图7-118 创建矩形

图7-119 导入模特素材

图7-120 创建文字内容

图7-121 制作"立即抢购"按钮

05 将第一个商品展示模块设计出来之后，可以通过复制的方法设计出其他3个商品，如图7-122所示。

图7-122 设计出其他商品

06 将第一排的商品模块制作好之后，可以通过复制的方法设计出其他几排的商品模块，如图7-123和图7-124所示。

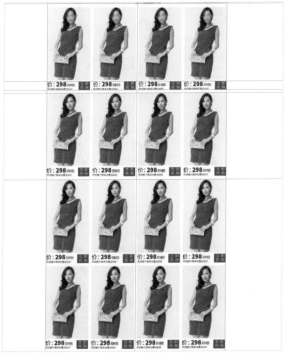

图7-123 复制出其他展示商品

图7-124 4×4展示模块的最终效果

3.不规则展示模块的设计

● 视频名称：不规则展示模块的设计

● 实例位置：实例文件 >CH07>7.2.9

01 使用"矩形工具" 创建一个矩形，效果如图7-125所示。

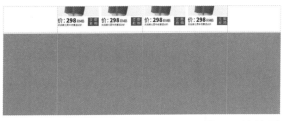

图7-125 创建矩形

02 使用"横排文字工具" 将英文和"店主推荐"等内容创建进来，如图7-126所示。

图7-126 创建文字内容

☼ TIPS

制作女装类的商品图时，适合使用比较纤细的字体，这样看起来会比较柔美。美工设计人员在选择字体的时候需要注意，每一款字体都会给人不同的视觉感受，因此除了易于阅读之外，还要注意其美观性。

03 将前面制作出来的海报复制一份，对其中的英文、商品图和购买价格等内容进行修改，调整后的效果如图7-127所示。

图7-127 调整后的效果

04 使用"矩形工具"🔲创建一个矩形，效果如图7-128所示。

图7-128 创建矩形

05 将模特素材导入，并调整其位置和大小，然后将第二个商品背景和模特素材导入，再把商品的价格创建进来，最后通过复制的方法创建出多个展示效果，如图7-129~图7-131所示。

图7-129 导入模特素材

图7-130 创建第二个展示商品

图7-131 创建多个展示效果

💡 TIPS

为了方便展示，这里直接复制了商品图，没有修改商品的信息。在实际工作中，需要修改商品信息。

06 在第一个模特的下方创建文字内容"展示青春魅力"，然后使用"矩形工具"🔲创建一大一小两个矩形模块，效果如图7-132和图7-133所示。

图7-132 创建文字内容

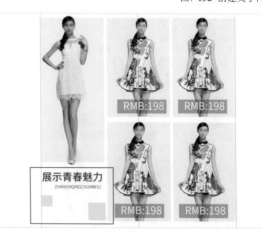

图7-133 创建矩形模块

07 通过上面一系列的操作，需要展示的内容就制作出来了。接下来需要对模块进行复制，并将商品和促销文案更换掉，整个不规则展示模块就设计好了，最终效果如图7-134所示。

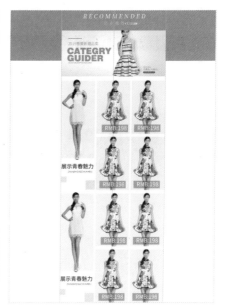

图7-134 不规则展示模块的最终效果

小结

不论是3×3展示模块、4×4展示模块，还是不规则展示模块的设计，制作方法基本上都是一样的。另外需要注意，首页的设计切忌杂乱无章，务必做到视觉的统一和风格的一致。很多店铺在确定好首页展示模块之后，很长时间都不会进行调整和改变。因此，首页展示模块的设计要经得起时间的考验。

7.2.10 店铺尾部信息的设计

扫码观看视频

● 视频名称：7.2.10 店铺尾部信息的设计　● 实例位置：实例文件 >CH07>7.2.10

● 素材位置：素材文件 >CH07>7.2.10

01 使用“矩形工具”创建一个深灰色的矩形作为导航背景，然后使用“横排文字工具”创建出导航里的文字内容，再居中对齐，如图7-135和图7-136所示。

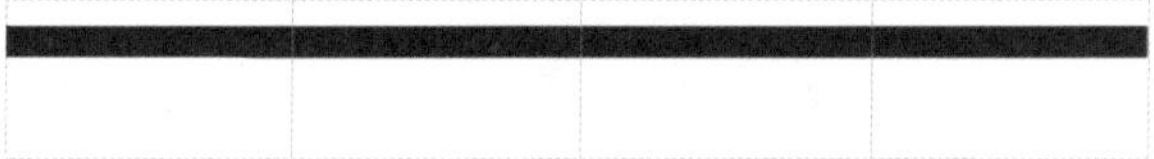

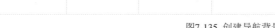

图7-135 创建导航背景

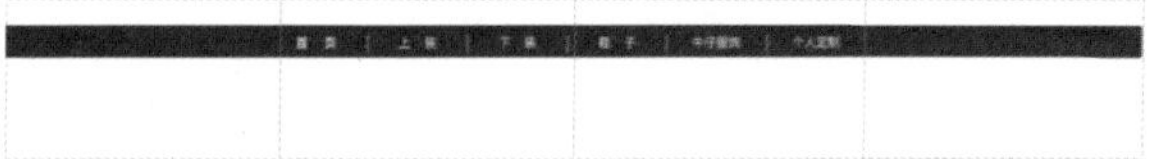

图7-136 制作出的导航效果

02 将信誉保障“官方品质”“7天无理由退货”“100%实物实拍”等文案内容创建出来，然后把其他需要展示的图像也绘制出来，效果如图7-137所示。

03 使用“矩形工具”创建一个红色的矩形作为背景，如图7-138所示。

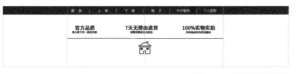

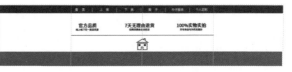

图7-137 信誉保障效果

图7-138 创建红色背景

04 使用“椭圆工具”创建一个圆形并放到矩形中间，然后使用“钢笔工具”创建一个折线效果并放到圆形上面，再使用“横排文字工具”创建“返回顶部”文字内容，如图7-139和图7-140所示。

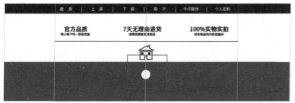

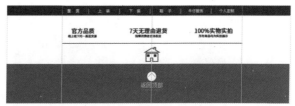

图7-139 创建正圆

图7-140 创建“返回顶部”文字内容

05 通过上面一系列的操作，整个店铺尾部就设计出来了，最终效果如图7-141所示。

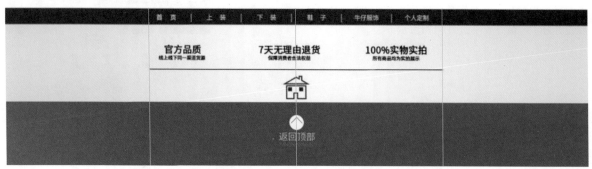

图7-141 店铺尾部信息的最终效果

7.3 首页的切图处理与装修

通过上一节内容，店铺首页就制作好了。接下来通过Dreamweaver软件对每个需要添加链接的商品添加正确的链接，待测试无误之后，就可以发布了。

7.3.1 首页的切图处理

01 为需要切图的内容创建参考线，如图7-142所示。

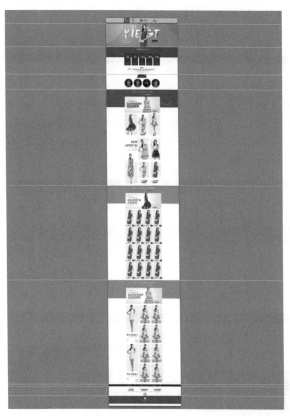

图7-142 创建参考线

02 选择"切片工具" ，并在选项栏上选择"基于参考线的切片"，然后创建切片，如图7-143所示。

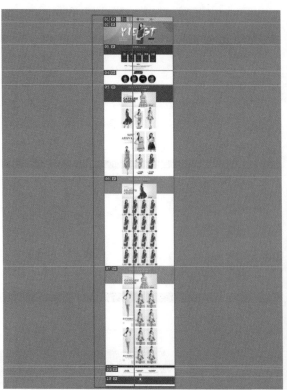

图7-143 创建切片

　　在Photoshop软件中，创建切片有两种方式：一种是直接使用"切片工具" 🔪 创建，另一种是先创建合适的参考线，然后进行一键切图操作。

03 执行"文件>存储为Web所用格式"菜单命令，然后设置参数，如图7-144所示。

04 把经过切片优化的图片偏存储到指定的文件夹中，最终效果如图7-145所示。

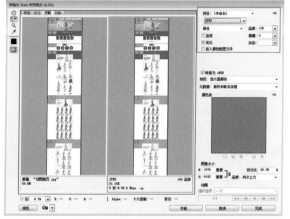

📝 **小结**

　　切图操作是在设计定稿之后的最后一个环节。设计师制作的是一张长图，不能直接上传到店铺，必须要进行切图处理，将图片分割成小图，这样才方便上传，同时，也方便用户浏览。

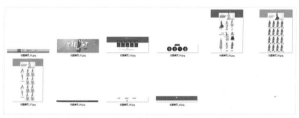

图7-144 设置参数　　　　　　　　　　　　　　　　　　　　图7-145 切图的最终效果

7.3.2 首页的装修

01 使用"切片工具" 🔪 对店铺招牌进行切图处理，先对中间950像素的内容进行切图处理并保存，然后对店铺招牌背景进行切图处理并保留一部分背景效果，装修时可以进行平铺填充的操作，如图7-146和图7-147所示。

图7-146 店铺招牌的切图效果　　图7-147 保留部分背景效果

02 进入淘宝"图片空间"，然后复制店铺招牌的链接代码，如图7-148所示。

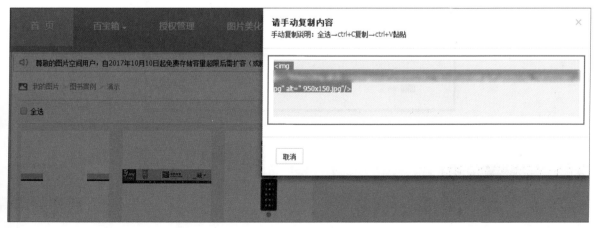

图7-148 复制链接代码

03 启动Dreamweaver软件，把上一步复制的代码粘贴到软件的代码区域，然后通过底部的属性栏对图片上的"收藏""首页""上装""下装"等需要添加链接的内容添加链接，再把添加后的代码复制出来，如图7-149和图7-150所示。

图7-149 通过Dreamweaver软件添加链接

图7-150 复制全部代码

04 登录"卖家中心"，在"店铺管理"中选择"店铺装修"，然后进入淘宝旺铺，并选择"PC端"，接着装修首页界面，在"店铺招牌"内容编辑区选择"自定义招牌"里的代码模式，再把上一步复制的代码粘贴过来，将"高度"设置为150像素，最后单击底部的"保存"按钮，此时店铺招牌就装修好了，如图7-151~图7-154所示。

图7-151 进入"店铺装修"

图7-152 进入淘宝旺铺后台

图7-153 设置招牌内容

图7-154 店铺招牌装修后的效果

05 在旺铺后台的模块里选择"页头",然后在"页头背景图"里选择保存的店铺招牌背景,再将"背景显示"设置为"平铺"效果,如图7-155所示。设置完之后,就可以预览查看效果了,如图7-156所示。

图7-155 设置页头背景   图7-156 店铺招牌背景预览效果

06 在旺铺店铺后台,选择系统提供的1920基础模块"全屏轮播",并拖动到相应的位置,然后设置参数,如图7-157和图7-158所示。系统提供有图片裁剪的功能,如果制作的图片尺寸过大可以进行调整,操作方法如图7-159所示。添加好的全屏轮播海报,效果如图7-160所示。

图7-157 添加基础模块"全屏轮播"

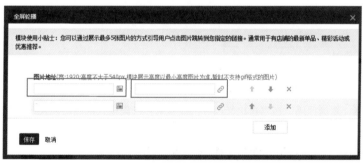

图7-158 设置参数   图7-159 图片裁剪操作

图7-160 添加后的效果

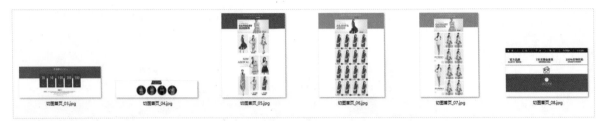

07　对首页图片进行切图处理，效果如图7-161所示。

图7-161　首页图片切图效果

08　进入淘宝旺铺智能版后台，然后选择"布局管理"，并选择"添加布局单元"，在弹出的"布局管理"对话框中选择"950/1920（通栏）"，接着在基础模块里添加"自定义区"，如图7-162和图7-163所示。

图7-162　添加布局单元

图7-163　添加"自定义区"

09　借助代码（可从网上找）对首页进行装修。复制代码，在"自定义内容区"里选择代码模式，然后将代码粘贴进来，接着在"图片空间"复制图片的链接，再将链接粘贴到"图片地址"代码中，如图7-164和图7-165所示。

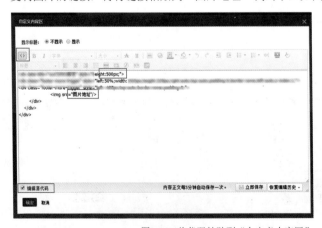

图7-164　将代码粘贴到"自定义内容区"

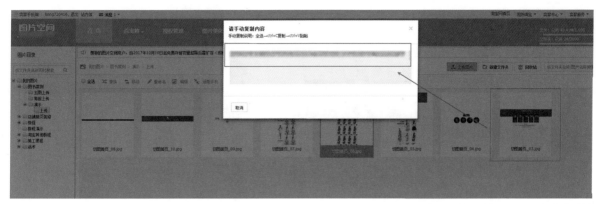

图7-165 在"图片空间"复制图片的链接

10 回到页面编辑区域，此时整个图已经被添加进来，如图7-166所示。单击"预览"按钮查看装修后的效果，如图7-167所示。

图7-166 页面编辑区

图7-167 预览效果

11 用同样的方法把切好的图逐一添加进来，装修后的预览效果如图7-168所示。当测试好之后，就可以发布首页了。如果后期需要更换商品图，修改商品的链接即可。

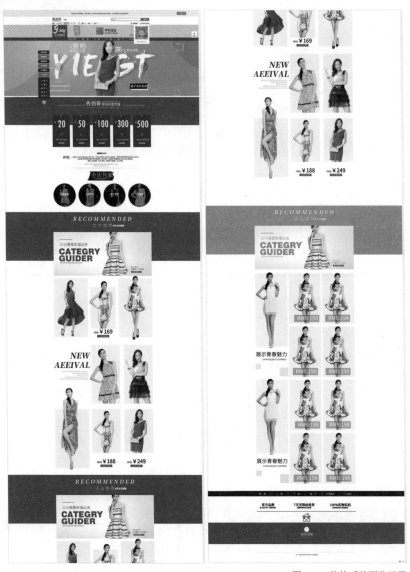

图7-168 装修后的预览效果

📝小结

　　店铺首页的装修比较简单，最主要的是前期把首页设计好。值得注意的是，对图片添加链接时，需要在Dreamweaver软件中操作，因此还要熟练掌握Dreamweaver软件。另外，很多读者担心自己看不懂代码，其实这并不影响店铺的装修，只要装修的方法正确就好。

7.4 课后作业

　　根据本章内容的讲解，独立制作一个店铺首页。
　　对制作好的店铺首页进行切图处理，然后通过旺铺后台进行装修。

第 **8** 章

详情页的设计

消费者在淘宝店铺购买任何商品前，都要先了解商品的样式、功能、材质和价格等信息，然后浏览商品评价，才能考虑是否要购买此商品。因此卖家要通过详情页将商品信息展示给消费者，从而增加销量。

学习要点

了解详情页的重要性

掌握详情页的布局和规划

理解和掌握详情页的展示内容和设计要点

掌握详情页的设计方法和技巧

8.1 详情页的重要性

对淘宝店铺来说,产品详情页有两大重要属性:一是流量的入口,二是提高转化率的首页入口。

如果流量的问题已经解决而转化率依然过低,问题可能就出现在产品详情页上。店铺流量入口的数据如图8-1所示。

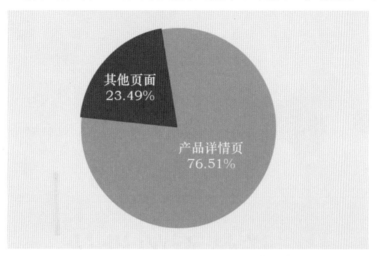

图8-1 店铺流量入口的数据

产品详情页是提高转化率的首要入口,一个好的产品详情页就如同专卖店里一个好的推销员。推销员用语言打动消费者,产品详情页则用图文的视觉表现打动消费者。产品详情页的优劣,对产品的转化率来说至关重要。图8-2所示为奉节4S春橙的详情页。

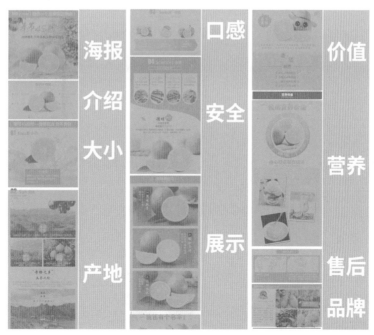

图8-2 奉节春橙详情页

在该详情页中,有关于春橙的产地、大小、栽培方法、营养价值和售后问题等内容的介绍。因此,在制作详情页的时候,一定要遵循一个原则,那就是以顾客对产品的关注点为基础。例如,可以从性能、价值、使用效果、产品亮点、顾客痛点和品牌效应等方面着手。

8.2 PC端详情页与无线端详情页

智能手机的普及，使得无线端购物越来越普遍。因此，在制作详情页的时候，不仅要对PC端详情页进行设计，还要对无线端详情页进行设计。

有些商家直接将PC端的内容转换成无线端，有些店铺的PC端和无线端详情页是两套不一样的模板。至于具体怎么设计详情页，还需要结合自己店铺的情况而定。

图8-3所示为茵曼紧身打底裤PC端和无线端两套不同样式的详情页。

图8-3 茵曼产品详情页

以上详情页，PC端的高度是11000像素，无线端的高度是19000像素，对商品图和文案信息都进行了不同样式的排版设计。

观察第一屏的海报图，PC端和无线端使用的是同一张图片。对无线端的图片进行裁剪处理，如图8-4所示。

图8-4 第一部分对比图

接下来，PC端展示的是面料介绍、基本信息、参考指标和尺码介绍等。而无线端依然是以模特展示为主，如图8-5所示。

图8-5 第二部分对比图

这时PC端进入模特展示模块，而无线端则是商品属性模块。需要注意的是，无线端商品属性的排版格式与PC端有所不同，效果如图8-6所示。

PC端和无线端都有设计搭配推荐模块。PC端将图片放在了一起，而无线端则将图片分开了，如图8-8所示。

图8-6 第三部分对比图

当无线端详情页将商品属性介绍完之后，也进入了模特展示模块，PC端和无线端的模特展示模块效果如图8-7所示。

图8-8 第五部分对比图

接下来是颜色展示、细节展示和印花Logo展示等内容。PC端和无线端在文案介绍的排版布局上有所不同，如图8-9所示。

图8-7 第四部分对比图

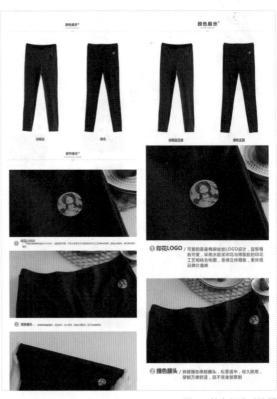

图8-9 第六部分对比图

详情页的底部是吊牌信息内容，PC端展示的是实拍图，无线端展示的是截图。另外，PC端的底部还展示了茵曼的实体店铺效果和微信关注活动，无线端的底部则没有展示这些内容，如图8-10所示。

图8-10 第七部分对比图

小结

本节内容以茵曼紧身打底裤的详情页为例，讲解了PC端和无线端各自的排版布局，大家要学习和掌握不同详情页的设计和排版方法。

8.3 详情页的布局与规划

在制作详情页之前，我们要做好以下几点。

8.3.1 市场调研

市场调研包括对同行业进行调查，以规避同款；对消费者进行调查，以分析消费者的消费能力、消费喜好和消费者在意的问题等。在调查时，可以通过阿里指数清楚地查到消费者喜好和消费能力、地域和行业指数等数据，如图8-11所示。

图8-11 市场调研

在分析消费者在意的问题时，可以去宝贝评论里查找。在里面可以挖掘出很多有价值的东西，从而了解买家的需求和购买产品后遇到的问题等。

8.3.2 宝贝定位

根据店铺宝贝和市场调研确定本店的消费群体并完成定位，如图8-12所示。例如，关于旅游住宿，有的旅馆住一晚上的价格是100元，这卖的主要是价格，定位于低端消费者；有的连锁酒店住一晚上的价格是200元，这卖的主要是性价比，定位于中端消费者；有的大酒店住一晚上的价格是400元，这卖的主要是服务。

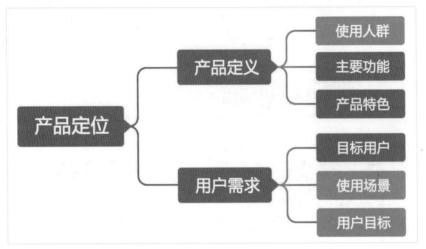

图8-12 产品定位

8.3.3 挖掘宝贝卖点

根据消费群体挖掘出本店的宝贝卖点，如图8-13所示。举个例子，一家卖键盘膜的店铺发现宝贝评价里中评和差评很多，且大多抱怨键盘膜太薄。对于这样的问题，其他店铺的解决方法可能是下次订购厚一点的键盘膜。而这家店铺直接在详情页中增加了一条卖点"意想不到的薄"。结果出乎意料，宝贝评论里都是关于键盘膜很薄之类的话，但评分直线上升。仅仅改了卖点，就直接引导并改变了消费者的心理预期，达到了非常好的效果。

图8-13 宝贝卖点

如何挖掘宝贝卖点呢？可以从价格、款式、文化、感觉、服务、特色、品质和人气等方面入手。

8.3.4 准备设计元素

根据对消费者的分析、自身产品卖点的提炼和宝贝风格的定位，开始准备所需的设计元素。利用详情页所用的文案确立宝贝详情页的配色、字体、排版、构图等，同时烘托出符合宝贝特性的氛围。例如在设计羽绒服详情页的时候，可以将有冰山元素的图片作为背景。

8.3.5 常见宝贝详情页的构成框架

　　详情页的前半部分在介绍产品的价值，后半部分在建立消费者的信任感。消费信任感，可以利用各种证书和品牌认证的图片来建立，还可以通过正确的颜色、字体和排版来建立。详情页的每一个模块都有其价值，因此需要仔细推敲和设计。图8-14所示为三只松鼠手撕面包的详情页。

图8-14 手撕面包的详情页

8.3.6 详情页描述所遵循的基本原则

　　关于详情页的描述，要遵循以下基本原则。

原则1：引发兴趣。

原则2：激发潜在需求。

原则3：赢得消费信任。

原则4：运用情感营销引发共鸣。

原则5：提炼的卖点要简短易记，并反复强调和暗示。

原则6：运用好FAB法则（属性、作用、益处的法则）。

原则7：替客户做决定。

⚙ TIPS

　　在设计详情页的时候，要从客户的角度出发，关注客户最重视的几个方面，并不断进行强化。

　　有需求才有商品，店铺卖的不仅仅是商品，更是客户买到商品之后获得的价值。

当了解了客户对详情页的需求后，下面来看看详情页到底要布局哪些内容。

收藏+关注：轻松赚10元优惠券或购物立减5元，优惠幅度可以调整。

焦点图：突出单品的卖点，吸引眼球。

推荐热销单品：有3~4个店铺热卖的单品，且性价比要高。

产品详情+尺寸表：利润编号、产地、颜色、面料、重量和洗涤建议。

模特图：至少有一张正面、一张反面和一张侧面的模特图，并让模特展示不同的动作。

实物平铺图：将衣服的颜色和样式展示出来。

场景图：模特在不同场景中的图片，打造视觉美感。

产品细节图：帽子、袖子、拉链和纽扣等细节。

同类型商品对比：找一些同款且质量不好的产品进行对比。

买家秀展示或好评截图：展示买家秀，挑选一些好看的图片；展示好评截图，提供一些真实的图片。

搭配推荐：例如情侣款或中长款。

购物须知：邮费、发货、退换货、衣服洗涤保养和售后问题等。

品牌文化简介：让买家觉得品牌质量可靠，容易得到认可。

值得注意的是，消费者的浏览习惯一般是"促销信息—产品参数—产品卖点—产品搭配—物流和售后"等；同时，要知道消费者网购时的注意点在哪里，如图8-15所示。

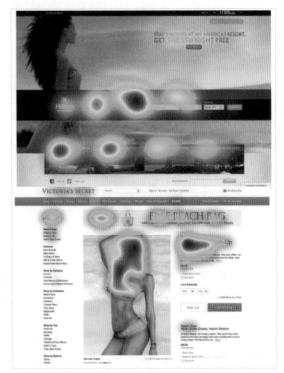

图8-15 消费者的注意点

8.3.8 详情页制作的两大基本点和六大原则

在设计详情页之前，要遵循以下两个基本点和6个原则。

两大基本点

第一点：把所有客户都当成非专业人士。

第二点：寻找产品的价值点，而非促销点。

六大原则

前3秒原则：3秒钟必须吸引客户的注意力。

前3屏原则：前3屏的内容决定客户是否要购买商品。

讲故事原则：情感营销让买家产生共鸣。

一句话原则：用一句话提炼商品的卖点。

重复性原则：商品的卖点只需要一个，且要不停地告诉客户。

问答原则：诉求利益因素，给客户一个购买的理由。

因为详情页直接关系到宝贝的点击率和转化率，所以卖家必须重视起来，在装修店铺时将以上两个基本点和6个原则落到实处。

8.3.9 详情页设计排版的结构

在对详情页进行设计排版时，要清楚每一个模块的功能。

店铺活动信息：刺激消费，引导流量，提高转化率。

商品整体展示图：吸引顾客，强化卖点，情感共鸣。

商品介绍文字：清晰完整的商品介绍，促成交易。

商品细节图：多角度展示、场景展示、细节展示和包装展示，让消费者有代入感。

品牌介绍：品牌故事、荣誉资质和生产实力，加强信任。

购物须知：交易条款、常见问题和售后相关信息，展示联系方式。

详情页设计的基本模块如图8-16和图8-17所示。某连衣裙详情页的展示信息如图8-18所示。

图8-16 详情页展示模块1　　　图8-17 详情页展示模块2

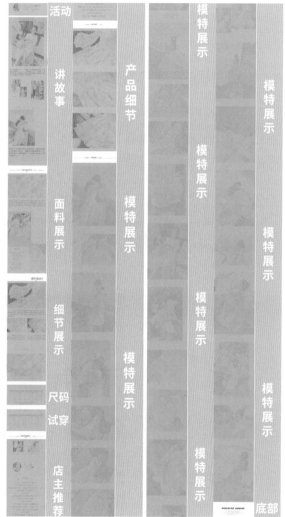

图8-18 某连衣裙详情页展示信息

8.3.10 如何评定详情页是否合格

将详情页制作好之后，该如何评定详情页设计得是否合格呢？

第一点：查看详情页的点击率和转化率。

第二点：查看访问深度和平均访问的时长。

📋 小结

　　本节主要讲解了详情页前期的规划和内容的布局。注意，除了要掌握详情页的设计之外，还需要与摄影师多沟通，并确定前期拍摄的商品图在后期的使用效果。

8.4 详情页的尺寸设置

　　制作详情页的时候，应该如何设置尺寸呢？这是新手设计师比较困惑的一个问题。一般来说，详情页的宽度是750像素或950像素，而高度则可以根据具体情况而定。

　　产品详情页相当于卖家与买家之间沟通的桥梁，只有在详情页上提供更多符合买家心理需求的信息，才能够引起买家的咨询。一般情况下，详情页的高度如图8-19所示。

正常	较长	超长
8000 像素	20000 像素	35000 像素　　75000 像素

图8-19 详情页的高度

　　每个商品的属性不同，详情页的描述也不尽相同，因此需要根据商品的特性来决定具体的高度。

8.5 牛仔裤详情页设计实例

　　通过前面的内容，我们已经知道了详情页需要展示的信息和内容。那么，接下来就来具体制作一款牛仔裤的详情页，效果如图8-20所示。

图8-20 牛仔裤详情页效果

　　该详情页只展示了一个商品的样式，通常同一款裤子会有3种以上的样式供消费者选择。因此，美工设计人员也要根据实际情况进行设计。

8.5.1 首焦海报图的设计

● 视频名称：8.5.1 首焦海报图的设计　● 实例位置：实例文件 >CH08>8.5.1

● 素材位置：素材文件 >CH08>8.5.1

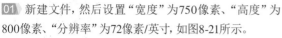

01 新建文件，然后设置"宽度"为750像素、"高度"为800像素、"分辨率"为72像素/英寸，如图8-21所示。

图8-21 新建文件

02 导入"CH08>8.5.1"文件夹中的"模特（1）.jpg"素材，并调整其位置和大小，如图8-22所示。

图8-22 导入素材并调整其位置和大小

03 使用"矩形工具"创建一个白色描边的矩形，如图8-23所示。

图8-23 创建矩形

04 使用"横排文字工具"创建主标题"个性系绳牛仔裤"，并调整其位置和大小，效果如图8-24所示。

图8-24 创建主标题并调整其位置和大小

05 将"时尚个性百搭"和"3D黄金比例拉伸腿部线条"文案内容创建进来，同时将文字的装饰效果也制作出来，如图8-25所示。

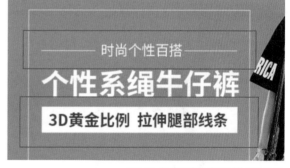

图8-25 创建文案内容并制作装饰效果

06 将"迈向舒适走向时尚"文案内容创建进来，调整后的效果如图8-26所示。

图8-26 调整后的效果

07 当创建好主标题和其他的文案内容之后，如果画面有
空缺的部分，还可以制作一些装饰元素，如图8-27所示。
牛仔裤详情页的最终效果如图8-28所示。

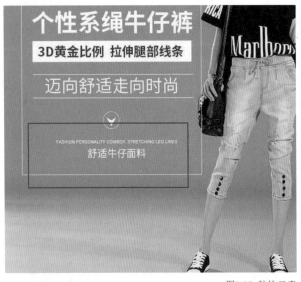

图8-27 装饰元素   图8-28 牛仔裤详情页的最终效果

小结

通常情况下，如果商品图是由专业摄影师或摄影机构拍摄的，往往会对图片进行后期处理。但也有一些小的店铺，其商品
图需要设计师进行后期处理，具体操作视情况而定。

8.5.2 特色展示模块的设计

● 视频名称：8.5.2 特色展示模块的设计　　　● 实例位置：实例文件 >CH08>8.5.2
● 素材位置：素材文件 >CH08>8.5.2

01 前面设置的背景高度为800像素，当继续制作下面的内容时，需要对背景进行加
长处理。通常情况下，对背景进行加长处理的方法是选择"裁剪工具"，并按住
鼠标左键，然后将画布直接往下拖动，如图8-29所示。

02 使用"矩形工具"创建一个黑色的矩形，效果如图8-30所示。

图8-29 自由加长背景   图8-30 创建矩形

03 对矩形中间的位置进行处理，如图8-31所示。

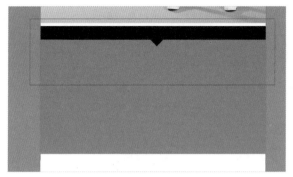

图8-31 处理矩形的中间位置

04 导入"CH08>8.5.2"文件夹中的"模特图（6）.jpg"素材，然后执行"图层>创建剪贴蒙版"菜单命令，并将素材置入上一步创建的矩形中，效果如图8-32所示。

图8-32 创建剪贴蒙版效果

05 使用"横排文字工具" T 创建"特色设计"文字，并放在矩形的上方，如图8-33所示。用同样的方法，把英文内容也创建进来，然后对英文添加"投影"效果，再把其他描述文案也创建进来，效果如图8-34和图8-35所示。

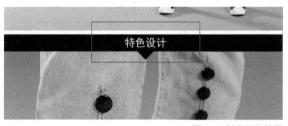

图8-33 创建文字效果

图8-34 创建英文效果

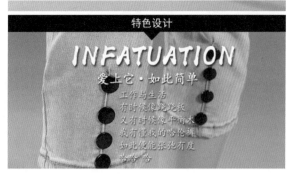

图8-35 创建其他描述文案

06 导入"CH08>8.5.2"文件夹中的"模特图（1）.jpg"素材，并调整其位置和大小，然后使用"椭圆工具" ⬭ 创建圆形图案，如图8-36所示。

图8-36 创建圆形图案

07 导入"CH08>8.5.2"文件夹中的"模特图（4）.jpg"素材，并将其放到第一个圆角矩形的位置，然后调整其大小，再执行"图层>创建剪贴图层蒙版"菜单命令，将产品图置入圆形中，效果如图8-37所示。

图8-37 置入后的效果

08 使用"横排文字工具" T 把细节描述文案创建进来，效果如图8-38所示。用同样的方法，把另外的细节描述文案也创建进来，然后将其他的细节描述和文案内容也都创建出来，效果如图8-39和图8-40所示。

09 把特色展示模块的背景内容复制一份，然后将剩下的素材图导入进来，再将文案内容创建进来，整体效果如图8-41所示。

图8-38 创建细节描述文案

图8-39 创建另外的细节描述文案

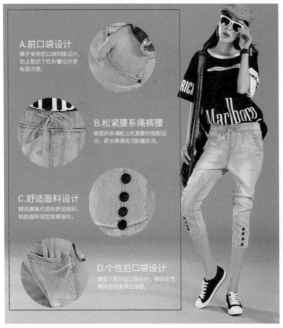

图8-40 特色展示模块的最终效果

图8-41 颜色特写效果

8.5.3 面料和产品属性模块的设计

● 视频名称：8.5.3 面料和产品属性模块的设计 　　● 实例位置：实例文件 >CH08>8.5.3
● 素材位置：素材文件 >CH08>8.5.3

01 导入"CH08>8.5.3"文件夹中的"面料.jpg"素材，并调整其位置和大小，效果如图8-42所示。使用"横排文字工具" T 创建"高档舒适面料，自己真的会说话"文案，然后配上英文内容，如图8-43所示。

图8-42 导入"面料"素材并调整位置和大小

图8-43 创建文案内容

02 导入"CH08>8.5.3"文件夹中的"透气.psd"素材,并将其放到合适的位置,然后把其他两个素材也导入进来,再进行排列调整,效果如图8-44和图8-45所示。

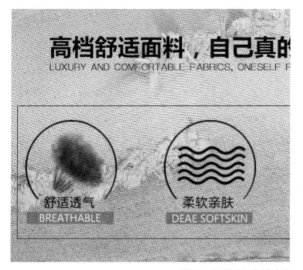

图8-44 舒适透气素材效果

图8-45 整体效果

03 导入"CH08>8.5.3"文件夹中的"提醒类文字.jpg"素材,效果如图8-46所示。

图8-46 导入"提醒类文字"素材

04 导入"CH08>8.5.3"文件夹中的"模特.jpg"素材,并调整其位置和大小,效果如图8-47所示。

图8-47 导入"模特"素材并调整位置和大小

05 使用"横排文字工具" T 创建"让每一个细节都令人倾心"文案内容,然后把描述文案内容也创建进来,效果如图8-48所示。

图8-48 创建文案内容

06 使用"多边形工具" 创建一个黑色的三角形,然后创建文字"产品展示"和相应的英文,再导入"CH08>8.5.3"文件夹中的"模特2.jpg"素材,并调整其位置和大小,效果如图8-49和图8-50所示。

图8-49 创建三角形和文字效果

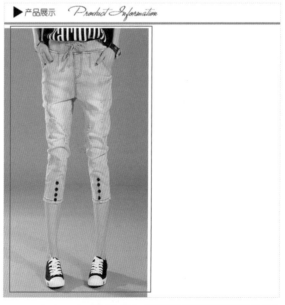

图8-50 导入"模特2"素材并调整位置和大小

07 使用"矩形工具" ▢ 和"横排文字工具" T 创建产品的属性内容，这里展示的是面料指数、版型指数、厚度指数、弹性指数、裤长指数和温馨提示等，然后将制作好的尺码规格图也导入进来，效果如图8-51和图8-52所示。

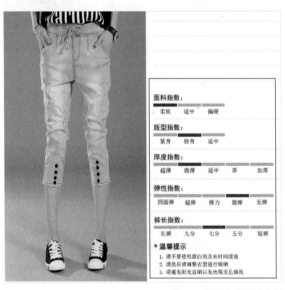

图8-51 创建产品属性内容

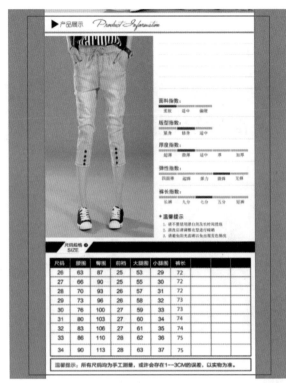

图8-52 导入尺码规格图

🔆 TIPS

当制作好商品属性或规格内容之后，可以存为PSD格式的文件，可供后期在制作其他同类型的商品时直接使用。

📋 小结

一个店铺的产品详情页，其中有很多模块都是一样的，因此在设计其他详情页时，直接更换商品图片和文案信息即可。不是每个详情页都是单独设计的，成熟的店铺都有自己的设计风格和模式。

8.5.4 模特展示模块的设计

● 视频名称：8.5.4 模特展示模块的设计　　● 实例位置：实例文件 >CH08>8.5.4
● 素材位置：素材文件 >CH08>8.5.4

01 使用"多边形工具" ⬡ 创建一个黑色的三角形，然后创建文字"模特展示"和相应的英文，再将"CH08>8.5.4"文件夹中的"模特（1）.jpg"素材导入进来，如图8-53和图8-54所示。

图8-53 创建文字内容　　图8-54 导入"模特（1）"素材

02 导入"CH08>8.5.4"文件夹中的"模特（2）.jpg"和"模特（3）.jpg"素材，效果如图8-55所示。

03 导入"CH08>8.5.4"文件夹中的"模特（4）.jpg""模特（5）.jpg""模特（6）.jpg"素材，最终效果如图8-56所示。

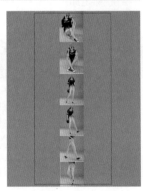

图8-55 导入其他素材　　图8-56 模特展示模块的最终效果

📋 小结

在设计模特展示模块时，可以对商品的不同角度进行展示，如果有多种颜色，也需要进行展示，即尽量把整个商品展示得更完美。

8.5.5 细节展示模块的设计

● 视频名称：8.5.5 细节展示模块的设计　　● 实例位置：实例文件 >CH08>8.5.5

● 素材位置：素材文件 >CH08>8.5.5

01 使用"多边形工具" ◎ 创建一个黑色的三角形，然后创建文字"细节展示"和相应的英文，如图8-57所示。

图8-57 创建文字内容

02 导入"CH08>8.5.5"文件夹中的"细节图1.jpg"素材，然后使用"矩形工具" ▭ 创建一个白色的矩形，并调整矩形的"不透明度"，再创建"版型设计"文案内容，效果如图8-58所示。

图8-58 细节展示效果

03 用同样的方法，把优质面料细节展示图制作出来，然后把剩下的其他细节展示内容也制作出来，效果如图8-59和图8-60所示。

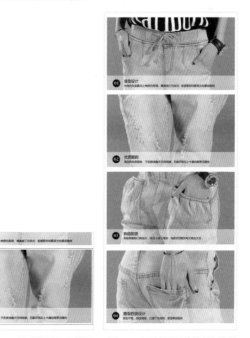

图8-59 优质面料细节展示　　图8-60 细节展示模块的最终效果

8.5.6 吊牌展示模块的设计

● 实例位置：实例文件 >CH08>8.5.6

在详情页的底部，特别是服饰类的商品，往往会展示吊牌内容，有的会展示整个吊牌，有的会展示吊牌的细节，如图8-61所示。

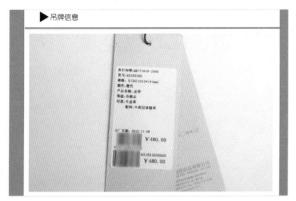

图8-61 吊牌展示

8.5.7 实体店铺展示模块的设计

● 实例位置：实例文件 >CH08>8.5.7 文件夹

为了显示品牌的实力，在详情页的底部还会展示线下实体店的照片，如图8-62所示。

图8-62 实体店铺展示

● 视频名称：8.5.8 底部信息展示模块的设计　　● 实例位置：实例文件 >CH08>8.5.8
● 素材位置：素材文件 >CH08>8.5.8

01 导入"CH08>8.5.8"文件夹中的"底部.jpg"素材，并调整其位置和大小，如图8-63所示。

图8-63 导入"底部"素材并调整位置和大小

02 使用"圆角矩形工具" 创建一个白色的矩形，效果如图8-64所示。

03 使用"横排文字工具" 创建文字"专注一条好裤子"，效果如图8-65所示。

图8-64 创建矩形

图8-65 创建文字效果

04 使用"矩形工具" 创建一个蓝色的矩形，然后将文字内容创建出来，效果如图8-66和图8-67所示。

图8-66 创建矩形

图8-67 创建文字内容

05 通过上面一系列的操作，整个详情页就制作好了，最终效果如图8-68所示。

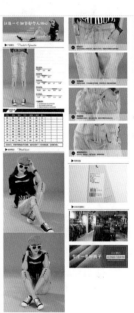

图8-68 最终效果

8.6 课后作业

根据本章内容的讲解，理解并掌握详情页的制作方法。

根据自己的学习情况，独立制作一款产品的详情页。

对制作好的详情页进行切图处理，然后上传到图片空间，再进行店铺的装修。

专题页的设计

在设计专题页时，需要制作背景、店铺信息、菜单栏、首焦轮播海报、促销优惠信息、首页商品的展示和尾部信息等内容。本章讲解的专题页设计方法比较简单且常见，读者可以跟着操作步骤认真学习。

学习要点

理解专题页的重要性
了解专题页所要展示的内容信息
掌握专题页设计的方法和技巧

9.1 专题页的重要性

专题页是指利用一个点、一件事或一个主题来策划一个页面，往往包含网站相应的模块和主题的内容展示模块。专题页一般分为活动类专题页面、商品促销类专题页面和商品展示类专题页面等。

活动类专题页，如淘宝官方的"双十一""双十二"节日和"圣诞节""情人节""年货节""中秋节""国庆节"等传统节日，还有店铺的"一周年庆""三周年庆""五周年庆"等节日。除了节日之外，还有"春季上新""凉爽一夏""秋季""初冬"等季节性专题活动。

图9-1所示为美的"双十二"激情燃烧专题页。图9-2所示为美的以开学季为主的专题页。图9-3所示为好想你红枣中秋节活动专题页。图9-4是某婴幼儿品牌新品上市的专题页面。

图9-1 "双十二"专题页

图9-2 开学季专题页

图9-3 中秋节活动专题页

图9-4 新品上市专题页

专题页对店铺的营销活动起着至关重要的作用，因此每个店铺都不能忽视其设计。

9.2 小家电活动专题页设计实例

本节主要以小家电商品为例，详细讲解年底大促活动促销专题页的制作。

专题页的制作流程和首页的制作流程相似。先制作店铺招牌的内容，然后设计轮播海报，接着设计优惠券，再设计商品展示的内容，最后设计底部信息，最终效果如图9-5所示。

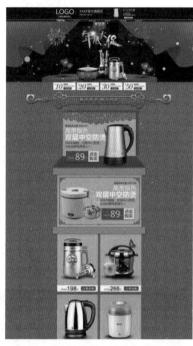

图9-5 活动促销专题页最终效果

9.2.1 店铺招牌的设计

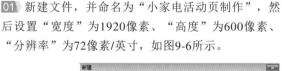

- 视频名称：9.2.1 店铺招牌的设计   ● 实例位置：实例文件 >CH09>9.2.1
- 素材位置：素材文件 >CH09>9.2.1

01 新建文件，并命名为"小家电活动页制作"，然后设置"宽度"为1920像素、"高度"为600像素、"分辨率"为72像素/英寸，如图9-6所示。

02 执行"视图>新建参考线"菜单命令，然后将"取向"设置为"垂直"、"位置"设置为485像素，并单击"确定"按钮，再创建一个"位置"为1435像素的参考线，此时画布上出现了两条垂直的参考线，效果如图9-7所示。

图9-6 新建文件

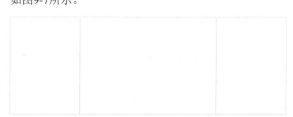

图9-7 创建参考线

03 在制作首页的过程中，需要不断地加长画布。执行"图层>新建填充图层>纯色"菜单命令，在弹出的"新建图层"对话框中，设置"名称"为"背景"，然后设置背景的颜色为（R:240，G:50，B:60），如图9-8~图9-10所示。

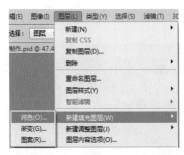

图9-8 新建填充图层

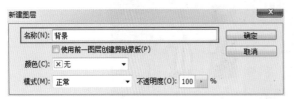

图9-9 设置名称

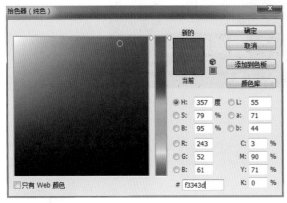

图9-10 设置背景的颜色

04 在工具箱中选择"矩形工具"，并在选项栏中设置类型为"形状"、"填充"为（R:42，G:2，B:35），然后使用鼠标左键在画布中任意单击，接着在弹出来的"创建矩形"对话框中，设置"宽度"为1920像素、"高度"为"150像素，再将创建好的形状调整至合适的位置，如图9-11所示。

图9-11 创建店招背景

05 新建一个空白图层并填充为黑色，然后执行"滤镜 > 杂色 > 添加杂色"菜单命令，在弹出的"添加杂色"对话框中设置"数量"为40%、"分布"为"高斯模糊"、勾选"单色"，如图9-12和图9-13所示。

图9-12 设置"添加杂色"的参数

图9-13 添加杂色的效果

06 将图层的"混合模式"设置为"滤色"，然后将"不透明度"设置为10%，效果如图9-14所示。

图9-14 店招背景效果

07 创建一个120像素的参考线，如图9-15所示。

图9-15 创建参考线

08 使用工具箱中的"横排文字工具"创建Logo文字，然后创建店铺的名字"××××官方旗舰店"和宣传广告语"质量保证 信誉为本"，效果如图9-16所示。

图9-16 创建Logo、店铺名字和宣传广告语

09 使用"圆角矩形工具" 创建一个矩形，然后使用"自定义形状工具" 创建一个心形图案，接着为矩形和心形图案填充颜色，再使用"横排文字工具" 输入"收藏店铺"，效果如图9-17所示。

10 选择工具箱中的"矩形工具" ，并将颜色设置为白色，然后创建"高度"为120像素、"宽度"为2像素的矩形，再使用图层蒙版的方法制作一个渐变效果，如图9-18所示。

图9-17 创建"店铺收藏"文字

图9-18 制作渐变效果

11 制作店铺招牌里面的商品信息。导入"CH09>9.2.1"文件夹中的"店招商品.psd"素材，然后调整其位置和大小，接着使用工具箱中的"横排文字工具" 创建"双层防烫"文字，再设置文字的大小，最后为商品添加投影效果，如图9-20所示。

图9-19 导入素材并调整其位置和大小

图9-20 创建文字并添加投影效果

12 导入"CH09>9.2.1"文件夹中的"金属材质.jpg"素材，然后使用剪贴图层蒙版的方法制作字体的效果，如图9-21所示。

图9-21 制作金属字体效果

13 用同样的方法，将促销文案信息创建进来，然后制作好"立即抢购"按钮，如图9-22和图9-23所示。

图9-22 创建促销方案信息

图9-23 制作"立即抢购"按钮

14 新建一个空白图层，然后使用工具箱中的"单行选框工具" 创建一个单行选框，再填充为白色，如图9-24和图9-25所示。

图9-24 创建单行选框效果

图9-25 填充后的效果

15 新建一个空白图层，然后对所创建的导航区域制作一个渐变效果，接着对30像素的导航部分进行从上到下的渐变处理，再复制一层渐变效果并垂直翻转，如图9-26~图9-28所示。

图9-26 设置"渐变编辑器"的参数

图9-27 渐变后的效果

图9-28 复制渐变效果并垂直翻转

16 使用工具箱中的"横排文字工具"T把导航内容创建进来，如"首页""所有产品""品牌故事""店铺活动"等信息，效果如图9-29所示。

图9-29 店招导航信息

17 当选择某一个导航命令的时候，导航按钮的效果会发生变化。执行"窗口>样式"菜单命令，在弹出的"样式"面板中选择一个样式，作为导航按钮的样式，如图9-30所示。至此，整个首页的店铺招牌就制作完成了，最终效果如图9-31所示。

图9-30 导航按钮的样式

图9-31 店铺招牌的最终效果

小结

　　本节主要讲解了店铺招牌的制作。需要注意的是，一旦活动结束，活动页也会下架，因此美工设计人员还要配合运营人员根据具体需求重新制作店铺招牌。

9.2.2 轮播海报的设计

● 视频名称：9.2.2 轮播海报的设计　　● 实例位置：实例文件 >CH09>9.2.2
● 素材位置：素材文件 >CH09>9.2.2

01 在店招导航下面创建一个"高度"为600像素的参考线，如图9-32所示。

图9-32 创建参考线

 TIPS

　　通常情况下，店招、海报和商品展示等模块最后会合并在一个图层组中，以便进行切图处理。

02 使用工具箱中的"矩形工具" ▣ 创建一个"高度"为600像素、"宽度"为1920像素的矩形，然后填充颜色为（R:42，G:2，B:35），并将其调整到合适位置，效果如图9-33所示。

图9-33 创建、填充矩形并调整位置

03 执行"视图>新建参考线"菜单命令，并设置"取向"为"垂直"、"位置"为960像素，接着导入"CH09>9.2.2"文件夹中的"餐厅.jpg"素材，再将素材的"不透明度"设置为10%，如图9-34和图9-35所示。

图9-34 创建参考线

图9-35 创建背景效果

TIPS

　　在设计海报的背景时，一般都会进行模糊处理，或者调整背景的"不透明度"，这样能更加突出产品。

04 导入"CH09>9.2.2"文件夹中的"素材1.jpg"，并将其放到画面的最左端，然后复制一层素材，执行"编辑>变换>水平翻转"菜单命令，将素材放到画面的最右端，效果如图9-36和图9-37所示。导入"CH09>9.2.2"文件夹中的"素材2.jpg"，并放到画面的底部，如图9-38所示。

图9-36 导入素材并调整其位置

图9-37 复制素材并水平翻转

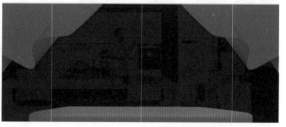

图9-38 创建底部舞台效果

05 选择"画笔工具" ✏️，并设置相应的颜色，然后对整个画面的环境进行处理，效果如图9-39所示。

图9-39 处理后的效果

06 使用工具箱中的"横排文字工具"，依次创建出"年底大促"的书法字体，然后调整其位置和大小，接着打开"CH09>9.2.2"文件夹中的"毛笔笔刷1.jpg"素材，并对毛笔笔刷进行抠图处理，再将其放到画面中，最后调整位置和大小，效果如图9-40和图9-41所示。

图9-40 创建"年底大促"文字

图9-41 调整毛笔笔刷效果

图9-42 处理其他毛笔笔刷效果

💡 TIPS

在设计书法字体时，可以找一些毛笔笔刷素材进行贴图操作，这样整个书法的效果会更好。

07 导入"CH09>9.2.2"文件夹中的"金属材质.jpg"素材，对书法文字进行剪贴图层蒙版的操作，如图9-43所示。

08 导入"CH09>9.2.2"文件夹中的"光效.jpg"素材，然后将素材的"混合模式"设置为"滤色"，再放到文字上面，效果如图9-44所示。

图9-43 对书法字体制作金属效果

图9-44 对书法字体添加光效后的效果

09 导入"CH09>9.2.2"文件夹中的"海报商品.psd"素材，并将其调整到合适的位置，然后对中间的商品制作投影效果，再导入"CH09>9.2.2"文件夹中的"聚划算.png"素材，效果如图9-46所示。

图9-45 制作投影效果

图9-46 导入"聚划算"素材

10 导入"CH09>9.2.2"文件夹中的"素材.psd"文件，并调整其位置和大小，然后导入"CH09>9.2.2"文件夹中的"烟花.psd"文件，效果如图9-47和图9-48所示。

图9-47 创建文件并调整位置和大小

图9-48 创建烟花效果

⚙ TIPS

制作海报时，氛围的营造很重要，光效和气球等元素都能起到装饰作用。

11 通过上面一系列的操作，轮播海报的最终效果如图9-49所示。

图9-49 轮播海报的最终效果

📖 小结

在制作年底大促类型的海报时，一定要注意素材之间的搭配和整个活动氛围的营造。

01 一个店铺的首页，大多数内容都是关于商品的展示，因此在制作的时候就要多注意该方面。可对整个画布进行加长，使用工具箱中的"裁剪工具" 🔲 往下拖曳，如图9-50所示。

02 导入"CH09>9.2.3"文件夹中的"花纹1.jpg"素材，并将其中的某一个图案自定义为填充图案，然后新建一个图案填充层，选择刚才自定义的图案效果，如图9-51和图9-52所示。

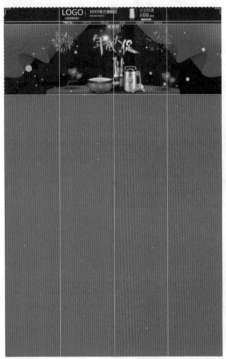

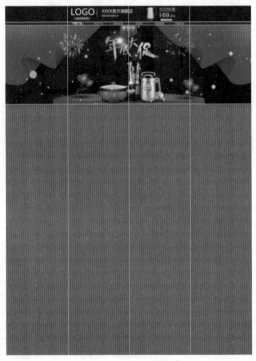

图9-50 加长整个画布　　　　图9-51 花纹效果　　　　　　　　　　图9-52 图案填充的效果

> **☼ TIPS**
>
> 将图案作为背景，可以让画面的视觉效果更统一。

03 在商品陈列的上方通常会有一些促销信息，如领取红包或领取优惠券等。因此，这里也需要制作一个优惠券的模块，效果如图9-53所示。

图9-53 制作优惠券模块

04 导入"CH09>9.2.3"文件夹中的"花纹1.jpg"素材，选择其中的两个进行后期处理，得到一个新的花纹效果，如图9-54~图9-57所示。使用工具箱中的"横排文字工具" 🔲 创建出文案内容，然后对图案和文字添加"渐变叠加"和"投影"效果，如图9-58~图9-60所示。

图9-54 花纹样式1

图9-55 花纹样式2

图9-56 创建合成花纹效果

图9-57 创建文案内容

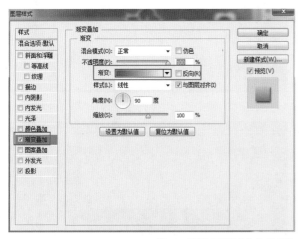

图9-58 设置"渐变叠加"的参数

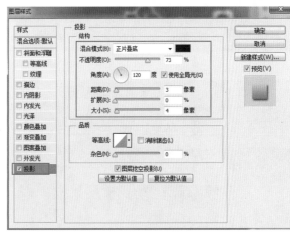

图9-59 设置"投影"的参数

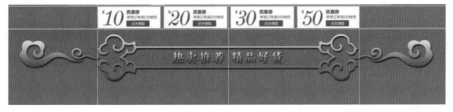

图9-60 文案内容的效果

TIPS

这一步添加的花纹效果,可以起到分割的作用。

05 使用工具箱中的"矩形工具" 绘制一个矩形,并填充为黄色,然后绘制另一个矩形,并填充为褐色,如图9-61和图9-62所示。

图9-61 绘制并填充矩形

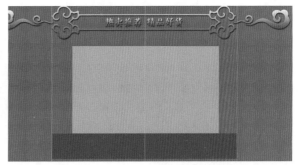

图9-62 绘制并填充另一个矩形

06 选择第二个矩形，然后执行"编辑>变换>透视变换"菜单命令，并调整矩形上方的两个点，接着进行透视变换的操作，如图9-63所示。用同样的方法，将整个货架搭建起来，然后为其添加"投影"，制作出空间感，效果如图9-64和图9-65所示。

图9-63 透视变换的操作

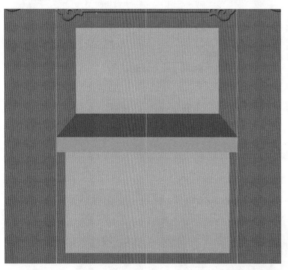

图9-64 货架搭建后的效果

图9-65 添加投影效果

TIPS

货架背景，主要是使用"透视变化"命令创建的。如果有条件，也可以在三维软件中制作成立体的效果。

07 导入"CH09>9.2.3"文件夹中的"花纹（3）.jpg"素材，然后使用剪贴图层蒙版的方法为素材添加"投影"，效果如图9-66所示。导入"CH09>9.2.3"文件夹中的"花纹（4）.jpg"素材，创建其他的花纹效果，如图9-67所示。

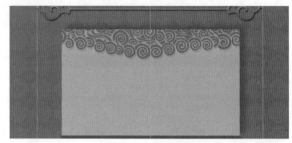

图9-66 创建花纹并添加效果

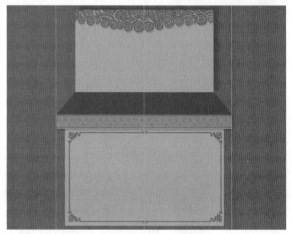

图9-67 创建其他花纹效果

08 导入"CH09>9.2.3"文件夹中的"商品1.psd"素材，并调整其位置和大小，然后将产品的描述文案也创建进来，再对字体的大小、颜色和属性等进行设置，最后把购买按钮也创建进来，如图9-68~图9-70所示。

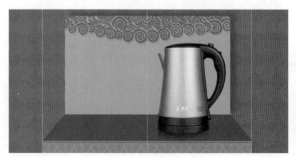

图9-68 导入"商品1"素材并调整其位置和大小

图9-69 创建描述文案

图9-70 创建购买按钮

09 将第一个商品信息创建好之后,将第二个商品信息创建出来,效果如图9-71所示。

图9-71 创建第二个商品信息

10 创建4个矩形,然后对矩形进行合理的排版,接着把商品素材都导入,并进行合理的排版,再把商品活动的促销价格也创建进来,最后制作立即抢购等购买按钮,如图9-72~图9-74所示。

图9-72 创建矩形

图9-73 导入商品素材

图9-74 创建促销价格及购买按钮

11 在制作的过程中，要及时对图层进行命名和分组管理，如图9-75所示。

12 经过前面一系列的操作，首页的店铺信息、轮播海报、促销优惠信息和商品陈列的第一个板块就制作好了，效果如图9-76所示。接下来根据店铺的商品分类和活动信息创建出其他板块的内容。

13 使用工具箱中的"裁剪工具" 增加画布的高度，如图9-77所示。

14 复制一层创建好的商品陈列区模块，然后更换商品的内容和促销文案，如图9-78和图9-79所示。

图9-75 图层管理

图9-76 第一个板块效果

图9-77 增加画布高度

图9-78 复制第一个商品展示模块

图9-79 商品陈列区的最终效果

小结

陈列区的制作有一点需要注意，即通常情况下只需要制作出一个模块，然后复制出其他模块，直接更换商品和描述文案即可。

9.2.4 底部导航的设计

● 视频名称：9.2.4 底部导航的设计

● 实例位置：实例文件 >CH09>9.2.4

01 店铺首页底部一般会包含店尾导航、信誉保障、公司形象、物流信息、收藏店铺和返回顶部等内容。底部背景的颜色通常会和店铺招牌背景的颜色相同，复制店铺招牌背景，然后将其移动到底部，如图9-80所示。

图9-80 复制店铺招牌背景图层

02 使用工具箱中的"矩形工具" ▣创建一个矩形,并填充为红色,然后为矩形添加"内发光"效果,再使用工具箱中的"横排文字工具" T创建导航内容里的文字信息,如图9-81~图9-83所示。

图9-81 创建并填充矩形

图9-82 添加"内发光"效果

图9-83 创建文字信息

03 使用工具箱中的"矩形工具" ▣配合"横排文字工具" T创建"点击查看"按钮,效果如图9-84所示。

图9-84 创建"点击查看"按钮

04 复制一个制作好的导航内容,然后改变背景的颜色和文字内容信息,最终效果如图9-85所示。

小结

底部导航的制作方法比较简单,主要是通过"矩形工具" ▣实现。

图9-85 底部导航最终的效果

9.2.5 其他信息的设计

● 视频名称:9.2.5 其他信息的设计 ● 实例位置:实例文件 >CH09>9.2.5
● 素材位置:素材文件 >CH09>9.2.5

01 在导航底部创建出店铺的宣传口号,然后创建出"返回顶部"按钮,效果如图9-86所示。

图9-86 最终口号及按钮

02 使用工具箱中的"矩形工具" ▣创建一个深色的矩形,然后使用工具箱中的"单行选框工具" ▦创建一条白色的线,效果如图9-87和图9-88所示。

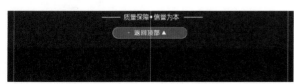

图9-87 创建一个深色的矩形

图9-88 创建一条白色的线

03 创建信誉保证的图形，然后使用工具箱中的"横排文字工具"T.创建"金牌品质""闪电发货""售后保证""实物拍摄"等文字，接着用同样的方法把其他说明文字信息创建进来，如图9-89~图9-91所示。

图9-89 创建图形

图9-90 创建售后信息

图9-91 最终文字信息

04 至此，店尾导航和底部信誉保障的信息就制作好了，效果如图9-92所示。

图9-92 底部效果

TIPS

平日里可以自己绘制一些小图标，也可以在网上搜集一些小图标，以便下次设计使用。

05 通过上面一系列的操作，整个专题页就制作好了，最终效果如图9-93所示。

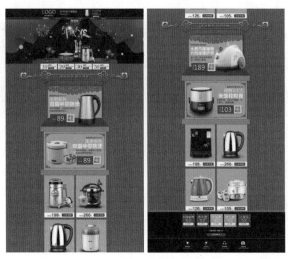

图9-93 整个专题页的最终效果

小结

在进行装修的时候，需要对制作好的专题页进行切图处理，然后到店铺后台进行上传和装修，这里不再赘述装修方法。

9.3 课后作业

通过对本章的学习，了解活动专题页需要展示的内容信息。

根据自己的学习情况，独立完整地制作一个专题页。

对制作好的专题页进行切图处理，然后上传到图片空间，再进行店铺的装修。

第10章

手机端店铺的设计与装修

随着智能手机的普及,越来越多的消费者习惯在手机上下单。因此消费者在哪里,商家就应该在哪里。本章将详细讲解手机端淘宝店铺设计与装修的方法。

了解手机端淘宝店铺的重要性

掌握手机端店铺首页和详情页设计与装修的方法

10.1 手机端店铺装修的重要性

  2017年天猫"双十一"的销售额最终定格在了1682亿元，其中移动端的销售占比为90%。可以看出，在移动端销售占比高达90%的情况下，整个淘宝天猫的装修就要转移到移动端了。因此，每个商家都要重视手机端店铺的装修。

  目前，不仅是购物，娱乐和其他消费都是通过手机下单的。图10-1所示为手机淘宝V7.5版本展示的首页内容。

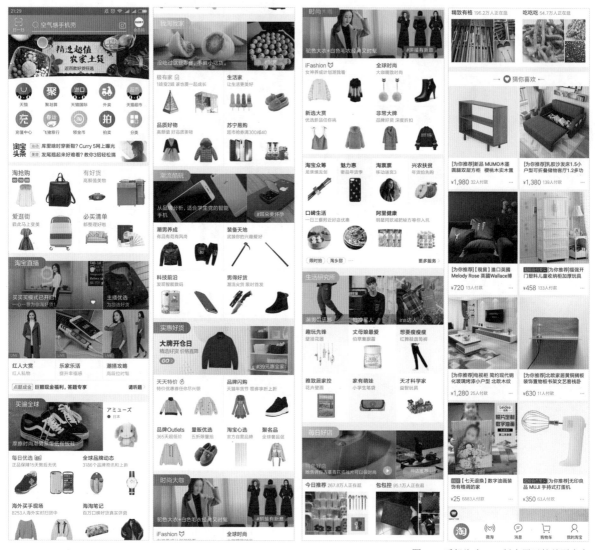

图10-1 手机淘宝V7.5版本展示的首页内容

  从图中可以看出，现在淘宝首页的设计风格更加个性化。淘宝头条会不停地滚动播放最新资讯，接下来是"淘抢购""有好货""爱逛街""必买清单"模块，继续往下是"淘宝直播""买遍全球""我淘我家""潮流酷玩""实惠好货""时尚大咖"模块，再往下是"生活研究所""每日好店""猜你喜欢"模块。在"猜你喜欢"模块中，消费者可以看到自己经常浏览和购买过的商品。

  每个店铺的装修风格是不同的，后面会为大家具体讲解手机端首页和详情页的装修方法。

10.2 手机端旺铺的基础操作

`01` 手机端淘宝旺铺装修后台的登录方法和PC端是一样的。打开淘宝首页，进入"卖家中心"，然后找到"店铺管理"中的"店铺装修"模块，如图10-2所示。

`02` 进入"店铺装修"后台，默认的是"手机端"装修页面，如图10-3所示。

图10-2 店铺管理 图10-3 手机端装修页面

`03` 在右上角的位置新建一个页面，然后在弹出的"新建页面"对话框中选择名称的类型为"手机淘宝店铺首页"，接着将"页面名称"命名为"演示"，再单击"确定"按钮，如图10-4和图10-5所示。

图10-4 新建页面 图10-5 设置手机淘宝店铺首页

`04` 此时，就进入"淘宝旺铺"的后台了。可以看到，左侧有各种模块的展示，中间是淘宝店铺装修的效果，右上角是"发布""保存""备份"选项和模块的排列调整按钮，如图10-6所示。

图10-6 手机淘宝店铺各种模块展示

05 选择"当前页面"，可以切换首页和自定义页面的内容，如图10-7所示。

06 在"装修"模块中，智能版旺铺提供了"宝贝类""图文类""营销互动类""其他类"4大模块，如图10-8所示。

图10-7 页面的切换操作   图10-8 "装修"模块

07 在"宝贝类"模块中，系统提供了5个子模块；在"图文类"模块中，系统提供了15个子模块；在"营销互动类"模块中，系统提供了8个子模块；在"其他类"模块中，系统提供了3个子模块，如图10-10~图10-12所示。

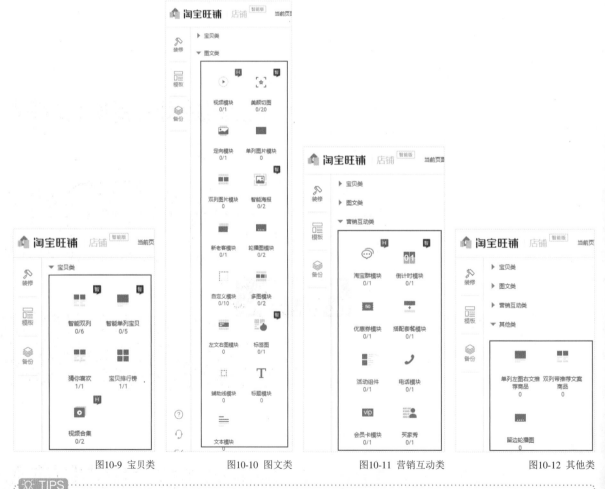

图10-9 宝贝类   图10-10 图文类   图10-11 营销互动类   图10-12 其他类

TIPS

在添加模块时，如果显示的是0/6，说明最多可以添加6个模块；如果显示的是2/6，说明已经使用了2个模块。

08 在"模板"模块中，淘宝官方提供了永久免费的店铺模板，如图10-13所示。如果这些模板满足不了店铺装修的需求，也可以到"服务市场"订购自己喜欢的模板，如图10-14所示。

图10-13 免费模板   图10-14 订购模板

☼ TIPS

"服务市场"中有很多装修的模板，商家可以根据具体需要进行选择。但是至于哪个模板好，哪个模板不好，没有绝对的说法，选择适合自己店铺的模板即可。

09 在对当前页面进行编辑的时候，系统也提供了"备份"功能，但最多可备份10份，如图10-15所示。

图10-15 "备份"功能

10 在"宝贝类"的"智能单列宝贝"模块中，选择其中一个子模块，并将其添加到装修页面中，如图10-16所示。此时，在"模块管理"中，就可以对所有添加的子模块进行编辑、删除和位置的调整了，如图10-17所示。

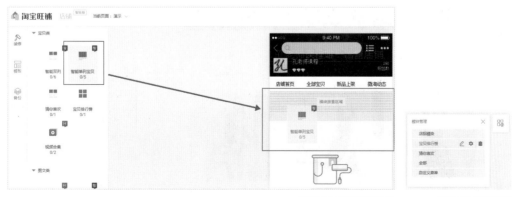

图10-16 添加模块操作   图10-17 模块管理

11 将整个页面编辑好之后，就可以发布了，具体可以设置为"立即发布"或"定时发布"等，如图10-18所示。

12 自定义页面的装修展示效果与首页的装修展示效果基本上是一样的，如图10-19所示。

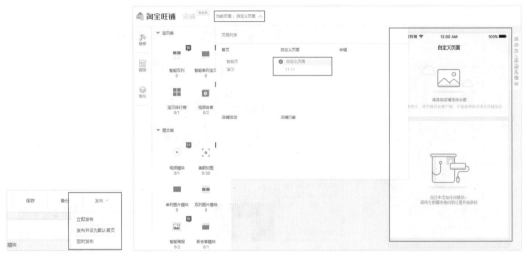

图10-18 发布操作

图10-19 自定义页面的装修展示效果

13 除了前面对首页和自定义页面的装修，还可以对手机端的详情页进行装修。单击顶部的"详情页装修"按钮，然后进入装修后台，左侧是"宝贝"和"模板"，中间是"详情装修"，右上角是"发布宝贝"和"批量投放"，如图10-20所示。

图10-20 详情页装修后台

14 可以在"模板"模块中选择系统提供的模板，还可以自行购买一些其他的模板，也可以选择现有的宝贝，然后选择"装修详情"，如图10-21和图10-22所示。

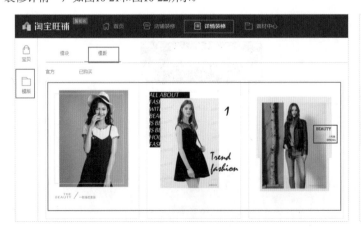

图10-21 "模版"的选择

图10-22 装修详情

15 在淘宝旺铺"装修详情"页面，出现有手机和计算机的图标，同时还提供了不同的模块效果，如图10-23所示。

图10-23 详情页模块效果

　　本节主要讲解了手机端淘宝旺铺装修后台的操作，同时也对手机端详情页的模板进行了讲解。接下来，会对每个模块的具体使用方法和技巧进行讲解。

10.3 手机端首页的装修

　　本节将详细讲解手机端店铺首页的装修流程以及首页的每个模块，读者可以跟着步骤认真学习。

10.3.1 店铺招牌的装修

01 进入"淘宝旺铺"装修后台，新建一个页面作为首页，也可以在系统默认的智能页进行装修操作，如图10-24和图10-25所示。

图10-24 新建页面

图10-25 装修页面

02 装修店铺招牌时，系统支持使用模板和自定义上传这两种方式，可根据具体情况进行选择，如图10-26所示。将店铺招牌装修好之后，所有页面的店铺招牌都会得到更新。

03 对店铺基本信息中的"店铺名称"和"店铺Logo"进行设置，如图10-27所示。如果要修改店铺名称和更换Logo，可以在"店铺基本设置"中进行，如图10-28所示。在设置"店招背景"时，可以选择官方推荐的或自定义的图片，如图10-29所示。需要注意的是，自定义的背景图片尺寸宽度为750像素、高度为254像素。

图10-26 店铺招牌模块　　　　　　　　图10-27 店铺基本信息　　　　　　　图10-28 "店铺基本设置"　　　　　　图10-29 设置"店招背景"

🔆 TIPS

　　店铺Logo的文件格式可以是GIF、JPG、JPEG和PNG的，文件的大小需控制在80KB以内，文件的高度为80像素、宽度为80像素。

04 设置店铺招牌模块的搜索栏时，在选择搜索栏之后，可以设置店铺搜索和店铺分类，如图10-30所示。

05 设置店铺招牌模块的搜索关键词时，在设置关键词后，这些关键词可以在店铺首页和搜索结果页展示，如图10-31所示。

图10-30 设置搜索栏　　　　　　　　　　　　　　　　　　　　　　　　　　　　图10-31 设置搜索关键词

🔆 TIPS

　　值得注意的是，系统仅支持添加6个搜索关键词，其他的关键词系统会根据消费者的购买习惯自动推荐。

06 除了搜索关键词的添加外，还有热门关键词的添加，如图10-32所示。

07 如果需要修改分类的名称和调整分类的商品，可以在淘宝旺铺中的"宝贝分类"中设置，如图10-33所示。另外，还可以设置"宝贝分类"的封面图。注意，封面图的宽度为372像素、高度为102像素，官方也提供了参考模板，如图10-34所示。

图10-32 添加热门关键词

图10-33 设置"宝贝分类"

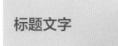

图10-34 封面图参考模板

08 淘宝旺铺智能版可以对"分类管理"进行设置，如图10-35所示。

图10-35 淘宝旺铺的"分类管理"页面

09 通过上面一系列的操作，现在可以对装修好的店铺招牌进行保存和发布了，如图10-36所示。

图10-36 保存和发布店铺招牌

☼ TIPS

不论是PC端，还是手机端，店招模块的装修都非常重要，它会贯穿于整个店铺的首页、详情页和活动页等页面。

10.3.2 首页模块的设置

01 淘宝旺铺智能版的首页装修中有4大模块，即"宝贝类""图文类""营销互动类""其他类"，如图10-37所示。

02 这4类模块中又分为很多子模块，选择其中的一个子模块，然后将其拖到相应的位置进行添加，如图10-38所示。

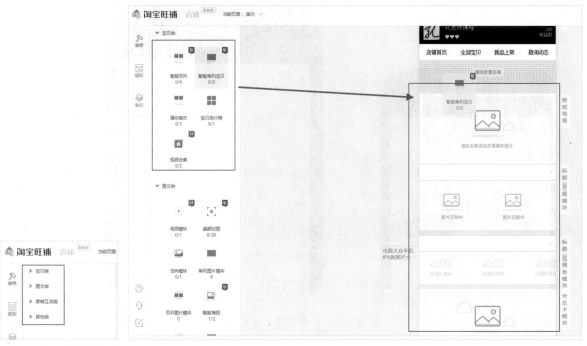

图10-37 模块的分类   图10-38 添加模块

03 添加模块之后，可以对模块的顺序进行调整，也可以对模块的内容进行编辑，还可以对模块进行删除和重命名的操作，如图10-39~图10-41所示。

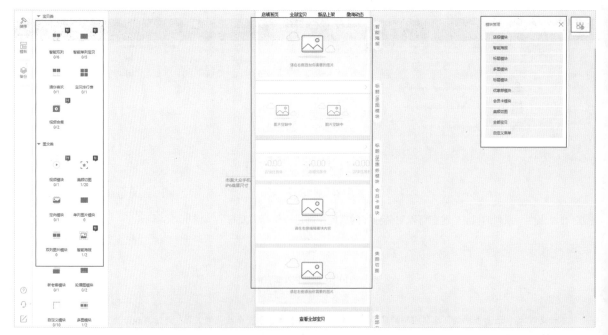

图10-39 调整模块顺序

图10-40 编辑模块内容   图10-41 删除模块

本节内容比较简单,主要讲解了模块的分类、添加和基本的操作方法。接下来,会逐一讲解每个模块的设置方法。

10.3.3 "宝贝类"模块的设置

01 "宝贝类"模块中包含了5个子模块,即"智能双列""智能单列宝贝""猜你喜欢""排版排行榜""视频合集",如图10-42所示。选择"智能双列"子模块,如图10-43所示。

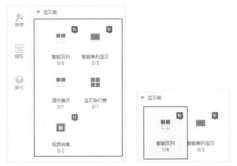

图10-42 宝贝类   图10-43 智能双列

TIPS

系统默认最多可添加6个"智能双列"模块。如果显示的是1/6,说明已经添加了1个"智能双列"模块,还可以添加5个该模块。

02 在编辑"智能双列"模块时,系统提供了"智能模式"和"普通模式"两种模式,且"展示数量"最多为9个,如图10-44所示。"选择商品库"中的"智能商品库"中包含了"潜力新品""热销爆款""当季热卖"等选项,如图10-45所示。在"选择展现方式"中,可以选择"千人千面",也可以"自定义排序",如图10-46所示。

图10-44 "智能模式"选择   图10-45 选择商品库   图10-46 选择展现方式

03 选择"设置样式"，然后进入"图像编辑器"，将所需的图标拖入编辑窗口，再调整图标的位置和尺寸，如图10-47所示。对宝贝标题无须手动编辑，单击下方的"编辑"按钮后，系统会自动替换。

图10-47 设置样式

04 在"基本模式"中，可以选择是否播放视频、宝贝选择、宝贝分类和排列规则及关键词，如图10-48所示。

05 对系统提供的"智能单列宝贝"进行设置，如图10-49所示。"智能单列宝贝"模块也提供了"智能模式"和"基本模式"。在"智能模式"里，可以对"展示数量""选择商品库""选择展现方式"进行设置，如图10-50所示。

图10-48 基本模式　　图10-49 智能单列宝贝　　图10-50 智能模式

06 在"基本模式"中，也可以对"选择宝贝""选择分类""排序规则"等进行设置，如图10-51所示。

07 在"宝贝类"模块中，系统还提供了"猜你喜欢"子模块，如图10-52所示。不需要对"猜你喜欢"进行装修，系统会根据消费者的偏好推荐店铺中的商品。

图10-51 基本模式　　图10-52 "猜你喜欢"子模块

08 在"宝贝类"模块中,系统还提供了"宝贝排行榜"子模块,如图10-53所示。可以在"宝贝排行榜"中"选择分类",也可以"新建分类"、设置"关键词"和"过滤价格",如图10-54所示。

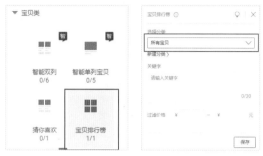

图10-53 "宝贝排行榜"子模块　图10-54 设置"宝贝排行榜"

09 "宝贝类"模块中的最后一个子模块是"视频合集",如图10-55所示。

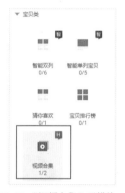

图10-55 "视频合集"子模块

"宝贝类"模块以展示产品为主,操作的时候需要注意。

10.3.4 "图文类"模块的设置

01 "图文类"模块包含了15个子模块,如图10-56所示。接下来,选择几个比较常用的模块进行讲解。

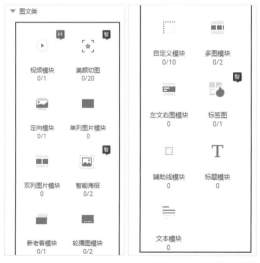

图10-56 "图文类"模块

02 找到"图文类"模块中的"美颜切图"子模块，如图10-57所示。"美颜切图"子模块可以支持同一张图片添加不同的链接。

03 添加"美颜切图"子模块之后，进入编辑模块，然后对添加的产品图进行裁剪处理，设置图片的"宽"为750像素、"高"为400像素，如图10-58所示。编辑好图片之后，就可以"添加热区"了，如图10-59所示。进入"热区编辑器"，然后在图片上创建热区，如图10-60所示。

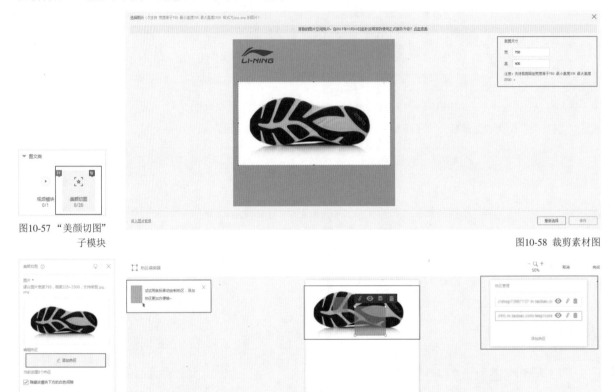

图10-57 "美颜切图"
子模块

图10-58 裁剪素材图

图10-59 添加热区

图10-60 编辑热区

04 "美颜切图"子模块除了可以直接对添加的素材图进行操作，还可以在线制作图片，如图10-61所示。单击"在线制作"按钮，进入"图像编辑器"界面，可以设置图片的"模块""风格""色彩"，如图10-62所示。

图10-61 在线制作图片

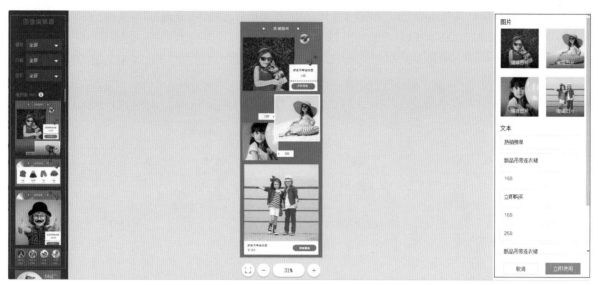

图10-62 "图像编辑器"界面

05 选择"图文类"模块中的"单列图片模块",该模块支持上传单张图片和添加单个链接,适用于活动Banner和商品大图展示的设置,如图10-63所示。"单列图片模块"也提供了"本地上传"和"在线制作"两种方式,如图10-64所示。选择"在线制作",会进入默认的淘宝旺铺"图片创意工厂",这里系统提供了多种模板,可以直接替换产品图片和设置新的文案,如图10-65所示。

图10-63 "单列图片模块"   图10-64 "本地上传"和"在线制作"

图10-65 图片创意工厂

06 在"图文类"模块中，可以添加"智能海报"子模块，如图10-66所示。添加"智能海报"子模块之后，可以在属性里添加图片和选择链接跳转方案，如图10-67所示。在"智能海报"子模块中的"图库列表"里，可以根据风格和色调选择图片，也可以直接一键生成智能海报，如图10-68所示。

图10-66 "智能海报"子模块　　　　　　　　　　　图10-67 "智能海报"属性面板

图10-68 图库列表

> **TIPS**
>
> "智能海报"子模块可以以"千人千面"的方式向消费者展示海报图。

07 在"图文类"模块中，可以添加"新老客模块"。"新老客模块"是对180天内购买过的用户和新用户进行定向营销，提升个性化运营效果，可以编辑，如图10-69和图10-70所示。

图10-69 "新老客模块"　　　　　　　　　　　图10-70 "新老客模块"属性面板

08 在"图文类"模块中，可以添加"轮播图模块"，如图10-71所示。

09 当添加了"轮播图模块"之后，就可以在属性里上传对应的图片了，如图10-72所示。添加图片之后，可以对图片进行裁剪处理，系统支持的宽度为750像素、高度为200~950像素，接下来就可以对每张商品图添加链接了，如图10-73和图10-74所示。

图10-71 "轮播图模块"　　　　　　　　　　图10-72 设置"轮播图模块"的属性

图10-73 裁剪图片

图10-74 添加链接

10 在"图文类"模块中,可以添加"自定义模块",如图10-75所示。选择"自定义模块",然后进入"自定义模块编辑器",接着添加"编辑拼图板式",如图10-76~图10-78所示。在编辑的过程中,可以根据具体需要不断调整图片的高度,如图10-79所示。

图10-75 "自定义模块"

图10-76 "自定义模块"属性

图10-77 "自定义模块编辑器"

图10-78 编辑拼图板式

图10-79 调整图片的高度

11 在"图文类"模块中,可以添加"左文右图模块",如图10-80所示。"左文右图模块"支持一张图片配一组文字说明,其属性的修改如图10-81所示。建议设置图片的宽度为608像素,高度为160像素,也可以对文本进行编辑和添加商品链接,如图10-82所示。

图10-80 "左文右图模块"

图10-81 修改"左文右图模块"的属性

图10-82 编辑"左文右图模块"

12 在"图文类"模块中，可以添加"标签图"子模块。"标签图"子模块支持在一张大图上添加不同商品的价格和链接，最多可添加3组价格和链接，如图10-83和图10-84所示。在图片属性里上传好商品图之后，可以对标签的颜色、内容进行编辑，然后添加链接，如图10-85和图10-86所示。

图10-83 "标签图"子模块　　　　　　　　　　　　　　　图10-84 编辑"标签图"子模块的属性

图10-85 上传后的商品图　　　　　　　　　　　　　　　　　图10-86 编辑标签

13 在"图文类"模块中，可以添加"标题模块"，如图10-87所示。"标题模块"可以为模块增加标题和标题的链接，如图10-88和图10-89所示。

图10-87 "标题模块"

图10-88 设置"标题模块"的属性　　　　　　　　　　　　图10-89 添加"标题模块"内容

小结

　　"图文类"模块中一共有15个子模块，以上只讲解了几个常用的子模块。对于其他子模块读者可以根据需求进行学习，这里就不再讲解了。

01 "营销互动类"模块中一共有8个子模块,如图10-90所示。接下来,选择几个比较常用的子模块进行讲解。

图10-90 营销互动类

02 在"营销互动类"模块中,可以添加"淘宝群模块",如图10-91所示。"淘宝群模块"由淘宝平台根据群的优惠程度、活跃程度和群成员质量等条件进行智能匹配,如图10-92所示。单击"创建群",在设置面板上可以设置群头像、群组名称、群介绍、群组成员上限和群类型等,如图10-93所示。

图10-91 "淘宝群模块"　　　　　　　　　　　图10-92 添加"淘宝群模块"

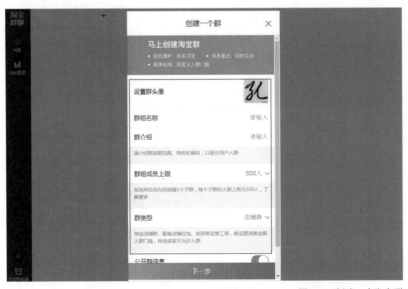

图10-93 创建一个淘宝群

03 在"营销互动类"模块中,可以添加"倒计时模块",如图10-94所示。在"倒计时模块"中,系统支持的图片宽度为640像素、高度为330像素,还可以根据活动时间设置起始时间和结束时间,如图10-95所示。上传好图片之后,添加活动链接地址,然后设置起始时间和结束时间,效果如图10-96所示。

图10-94 "倒计时模块"

图10-95 设置"倒计时模块"　　　　　　图10-96 设置"倒计时模块"的后效果

🔅 TIPS

　　"倒计时模块"可以渲染活动的氛围，促使消费者尽快购买活动商品。

04 在"营销互动类"模块中，可以添加"优惠券模块"，如图10-97所示。添加该模块后，能激发消费者的购买欲望。在系统里可以自动添加或手动添加，如图10-98所示。

图10-97 "优惠券模块"

图10-98 添加"优惠券模块"

05 在"服务市场"里，可以对"优惠券"进行设置。订购优惠券模板时，可以选择一个季度、半年或一年，如图10-99所示。购买了优惠券模板之后，就可以在系统里设置优惠券的数量和促销信息了，如图10-100所示。

　　　　　　　　图10-99 订购优惠券模板　　　　图10-100 设置优惠券

06 在"营销互动类"模块中，可以添加并设置"搭配套餐模块"，接着在"服务市场"里购买"搭配宝"，如图10-101~图10-103所示。

图10-101 "搭配套餐模块"　　　　　　　　　　　　图10-102 设置"搭配套餐模块"

图10-103 购买"搭配宝"

⛅ TIPS

"搭配套餐模块"将展示店铺设置的有效搭配活动，但不支持模块的样式修改。

07 在"营销互动类"模块中，可以添加"买家秀"子模块，如图10-104所示。"买家秀"子模块需要在"买家秀"后台进行设置，如图10-105所示。在"买家秀"后台可以选择素材里的"有图评论""粉丝秀""达人"等，如图10-106所示。

图10-104 "买家秀"子模块

图10-105 添加"买家秀"模块

图10-106 设置"买家秀"模块

📝 小结

以上只介绍了"营销互动类"中的几个常用子模块，对于其他的子模块读者可以根据具体需要进行学习，这里就不再讲解了。

10.3.6 "其他类"模块的设置

01 在"其他类"模块中，包含"单列左图右文推荐商品""双列带推荐文案商品""留边轮播图"子模块，如图10-107所示。

02 在"其他类"模块中，可以添加"单列左图右文推荐商品"子模块，在添加的时候需要输入文案并设置图片，如图10-108和图10-109所示。

03 在"其他类"模块中，可以添加"双列带推荐文案商品"子模块，在添加的时候需要设置商品的标题和副标题等，如图10-110和图10-111所示。

图10-107 其他类　　图10-108 "单列左图右文推荐商品"子模块

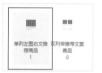

图10-109 设置"单列左图右文推荐商品"　图10-110 "双列带推荐文案商品"子模块　图10-111 设置"双列带推荐文案商品"

04 在"其他类"模块中，可以添加"留边轮播图"子模块。添加了该子模块之后，可以左右滑动图片，最多可添加6张图片，每一张图片对应一个链接，如图10-112~图10-114所示。

图10-112 "留边轮播图"子模块

图10-113 设置"留边轮播图"　　图10-114 添加"留边轮播图"之后的效果

小结

相对于前面其他的模块来说，"单列左图右文推荐商品""双列带推荐文案商品""留边轮播图"的设置比较简单，只要跟着系统的相关提示进行操作就不会出问题。

10.4 自定义页面装修

　　在手机端淘宝上，除了可以对首页进行装修，还可以对自定义页面进行创建和管理。接下来，将讲解自定义页面的装修方法。

01 打开淘宝首页，并登录"卖家中心"，然后进入"淘宝旺铺"装修后台，接着在"店铺装修"页面选择"手机端"，再选择"新建页面"，如图10-115所示。

图10-115 新建页面

02 进入"新建页面"，可以看到在"选择名称类型"中可以选择"手机淘宝店铺首页"和"自定义页面"。这里选择"自定义页面"，然后对"页面名称"进行命名，如图10-116所示。

图10-116 创建"自定义页面"

03 进入创建的自定义页面，对页面进行装修。该页面中的装修模块与首页的装修模块一样，唯一不同的是自定义页面装修模块没有店铺招牌和导航模块的信息，如图10-117所示。

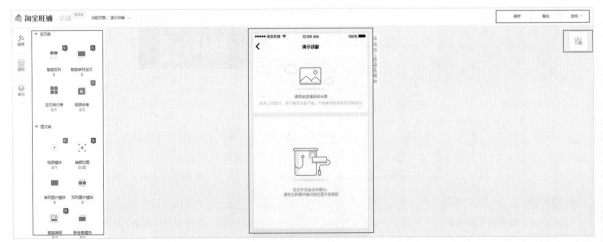

图10-117 自定义页面装修

04 自定义页面的顶部是活动头图模块，如果没有自行上传图片，该模块就不会展示，如图10-118所示。

图10-118 活动头模块

05 在上传活动头图的时候，需要将图片设置成宽度640像素、高度304像素，如果大于这个尺寸，系统会对图片进行裁剪处理，如图10-119所示。

图10-119 设置活动头图的尺寸

06 将图片设置好之后，就可以添加活动头图的链接和文案介绍了，如图10-120所示。

07 添加"宝贝类"和"图文类"等模块，如图10-121所示。

图10-120 添加链接和文案介绍

图10-121 添加其他模块

小结

自定义页面的装修方法很简单，根据系统的提示进行操作即可。店铺可以根据不同阶段的需要，创建多个自定义页面。另外，手机淘宝店铺可以创建多个首页，但在发布的时候只能选择其中的一个。

10.5 手机端详情页的装修

本节将详细讲解手机端详情页的装修。目前，手机端的流量已经远远超过了PC端，而且在详情页的制作上，淘宝平台也提供了一键装修的功能，可以满足不同店铺的需要。

10.5.1 详情页装修的基础设置

`01` 打开淘宝首页，并进入"卖家中心"，然后登录"淘宝旺铺"后台，再选择"详情装修"，如图10-122所示。

图10-122 详情页装修入口

`02` 进入"详情装修"页面，可以看到店铺里所有的商品内容，如图10-123所示。

图10-123 "详情装修"页面

`03` 当鼠标光标指向某一个宝贝时，在"图文详情"下面就会出现"装修详情"，如果10-124所示。

图10-124 装修详情

`04` 选择"装修详情"，即进入"详情页编辑器"页面，如图10-125所示。

图10-125 详情页编辑器

05 系统提供了"导入"功能,可以导入手机端详情和导入电脑端详情,如图10-126所示。

图10-126 "导入"功能

06 在"基础模块"中,包含"图片""文字""视频""动图"4个模块,如图10-127所示。

07 在"营销模块"中,包含"卖家推荐""店铺活动""优惠券""直播""群聊"5个模块,如图10-128所示。

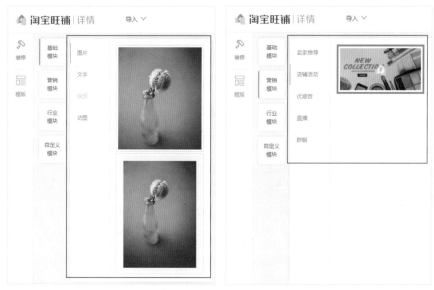

图10-127 基础模块   图10-128 营销模块

TIPS

在详情页的装修过程中,如果有些模块无法添加,说明系统不支持这些模块的添加。例如,以上这个店铺是教育培训类的,在"基础模块"中就不支持"视频"的添加。

08 在"行业模块"中，包含"宝贝参数""颜色款式""细节材质""商品吊牌""品牌介绍""商家公告"6个模块，如图10-129所示。

09 最后一个模块是"自定义模块"，如图10-130所示。

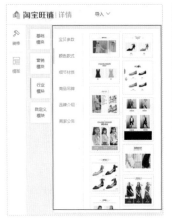 

图10-129 行业模块　　　　　　图10-130 自定义模块

10 除了可以使用以上模块进行装修外，还可以直接使用系统提供的模板进行装修，直接更换商品图片和文案就能制作出一个非常专业的详情页。图10-131所示为系统提供的一部分模板效果。

图10-131 详情页模板效果

〔小结〕

本节主要对详情页编辑器中的几大模块进行了讲解，接下来将详细讲解常用模块的具体功能。

10.5.2 "基础模块"的设置

01 在"基础模块"中，第一个模块是"图片"，如图10-132所示。对详情页和首页进行装修时，需要通过"图片空间"上传和管理图片。将图片上传好之后，就可以对图片进行设置了，如添加元素和链接等，如图10-133~图10-135所示。

图10-132 图片

图10-134 添加元素

图10-133 图片空间

图10-135 添加链接

小结

一张图上面可能会有多个商品或多个信息,在后期上传和装修的过程中,需要对其上面的每个商品添加链接。

02 在"基础模块"中,还可以添加"文字",如图10-136所示。系统提供了4种不同的文字类型和样式,添加好"文字"之后,接下来就可以对文字进行编辑了,如图10-137所示。

03 在"基础模块"中,还可以添加"视频"。由于这里的店铺暂不支持"视频"的添加,所以显示的是浅灰色,即处于不可编辑的状态,如图10-138所示。

图10-136 添加"文字"

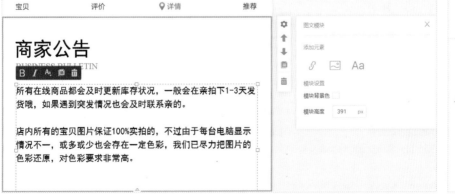

图10-137 编辑"文字"

图10-138 添加"视频"

04 在"基础模块"中，还可以添加"动图"如图10-139所示。在对详情页进行装修的时候，可以制作"动图"，也可以选择"自定义动图"或"选择已有动图"，如图10-140所示。

图10-139 添加"动图"   图10-140 选择"动图"

05 选择"制作"动图，进入动图编辑器页面，然后在模板库选择一个合适的动图模板，接着对动图进行编辑，对文案介绍内容和商品图进行修改，之后就可以将动图添加到详情页中了，如图10-141~图10-143所示。

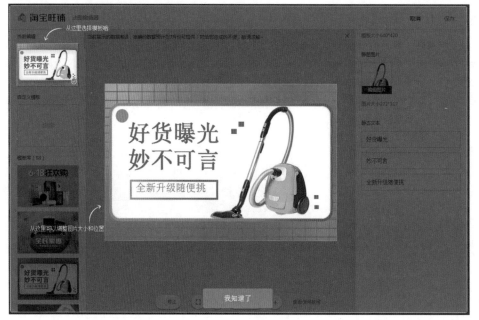

图10-141 选择动图模板

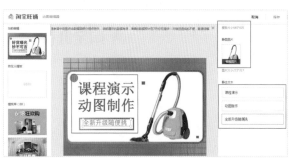 

图10-142 编辑文案并修改商品图   图10-143 更换商品图

📝 **小结**

本节对"基础模块"中的"图片""文字""视频""动图"等模块进行了讲解，读者可以结合自己的店铺需要对详情页进行装修。

10.5.3 "营销模块"的设置

01 在"营销模块"中，系统提供了"卖家推荐""店铺活动""优惠券""直播""群聊"子模块，如图10-144所示。"卖家推荐"模块最多可以添加3个推荐宝贝，添加后就可以直接在详情页上显示了，如图10-145和图10-146所示。

图10-144 "卖家推荐"子模块

图10-145 添加宝贝

图10-146 添加后的效果

02 在"营销模块"中，系统提供了"店铺活动"子模块，选择之后就可以进行添加了，如图10-147所示。

图10-147 "店铺活动"子模块

03 店铺活动需要自己创建，可以通过无线运营中心创建自定义页面，还可以通过第三方互动应用创建，如图10-148所示。

图10-148 店铺活动的创建方法

04 选择第三方互动应用创建，然后在"服务市场"里订购一个美店，订购好之后，就可以在"营销工具"中设置店铺活动了，如图10-149和图10-150所示。在客户运营平台，系统提供了很多强大的功能，如图10-151所示。

图10-149 订购美店

图10-150 营销工具

图10-151 客户运营平台

05 在"营销模块"中,系统提供了"优惠券"子模块,可以在"服务市场"里订购"优惠券",如图10-152和图10-153所示。将优惠券设置好之后,就可以进行添加了,这里不再赘述。

图10-152 "优惠券"子模块

图10-153 订购"优惠券"

🔅 TIPS

　　不论是店铺活动,还是优惠券活动,都需要到"服务市场"进行购买,可以根据店铺的具体情况决定。

06 在"营销模块"中，系统提供了"直播"子模块，如图10-154所示。添加"直播"模块之后，可以创建直播间，然后在淘宝直播后台进行设置，如图10-155所示。

图10-154 "直播"子模块

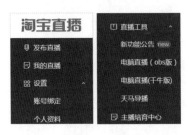

图10-155 淘宝直播后台

07 在"营销模块"中，系统还提供了"群聊"子模块如图10-156所示。添加"群聊"功能之后，可以创建群，然后在商家群管理后台进行设置，如图10-157所示。

图10-156 "群聊"子模块

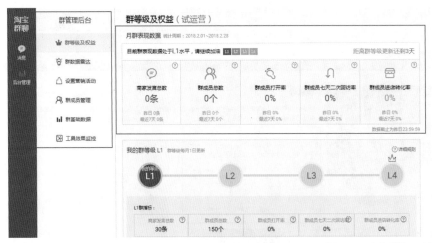

图10-157 商家群管理后台

小结

　　本节对"营销模块"中的"卖家推荐""店铺活动""优惠券""直播""群聊"子模块进行了讲解，大家可以结合自己的店铺需要对详情页进行装修。

10.5.4 "行业模块"的设置

01 在"行业模块"中，系统提供了"宝贝参数""颜色款式""细节材质""商品吊牌""品牌介绍""商家公告"子模块，如图10-158所示。在"宝贝参数"中，可以对主标题文案、产品尺码和产品图进行设置，如图10-159所示。

图10-158 "宝贝参数"子模块   图10-159 设置"宝贝参数"

02 在"颜色款式"子模块中，系统提供了12种颜色和款式。可以对系统提供的这些产品图和文案进行修改，如图10-160所示。

图10-160 "颜色款式"子模块

03 在"细节材质"子模块中，系统提供了13种细节材质的样式，可以对系统提供的这些产品图和文案进行修改，如图10-161和图10-162所示。

图10-161 "细节材质"子模块   图10-162 "细节材质"的修改

04 在"商品吊牌"子模块中，系统提供了10种商品吊牌的样式，可以对系统提供的这些产品图进行修改，如图10-163所示。在"品牌介绍"子模块中，也可以对文案进行修改，如图10-164所示。

05 在"营业模块"子模块中，系统提供了11种品牌故事样式，如图10-164所示。品牌故事里的产品图和文案都可以在后期更换成自己店铺的产品。

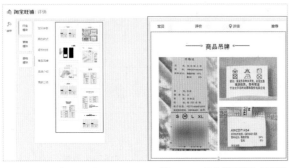

图10-163 "商品吊牌"子模块　　　　　　　　　　　　　　　　　　　　图10-164 "品牌介绍"的修改

06 在"商家公告"子模块中，系统提供了12种商家公告的样式。可以对系统提供的这些产品图和文案进行修改，如图10-165所示。

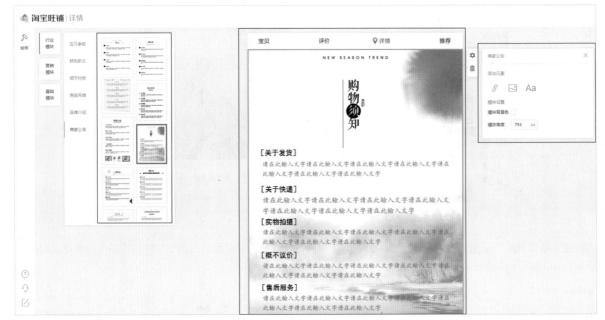

图10-165 "商家公告"子模块

小结

　　本节对"行业模块"里的"宝贝参数""颜色款式""细节材质""商品吊牌""品牌介绍""商家公告"子模块进行了讲解，大家可以结合自己的店铺需要对详情页进行装修。

10.6 课后作业

　　熟练掌握首页不同模块的操作方法，独立完成手机端首页的装修。
　　独立进行自定义页面和活动页面的装修。
　　熟练掌握详情页不同模块的操作方法，独立完成手机端详情页的装修。